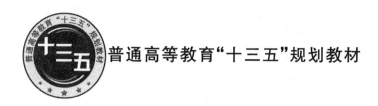
普通高等教育"十三五"规划教材

电路与 Systemview 仿真

主　编　张　柯　李琳芳
副主编　张海燕　张树静

北京邮电大学出版社
www.buptpress.com

内 容 简 介

本书共分 9 章。第 1 章电路的基础知识和电路定律,第 2 章电阻元件,第 3 章线性电阻电路的分析方法,第 4 章电路定理,第 5 章储能元件,第 6 章一阶电路的时域分析,第 7 章二阶电路分时域分析,第 8 章单相正弦交流电路,第 9 章频率特性。本书将基础知识的讲解、习题练习和上机实训有机融合,例题丰富,十分便于自学。本书可作为本专科院校电气、电子信息类专业"电路理论"课程的教材,也可供有关科技人员参考。

图书在版编目(CIP)数据

电路与 Systemview 仿真 / 张柯,李琳芳主编. -- 北京 : 北京邮电大学出版社,2017.8
ISBN 978-7-5635-5143-9

Ⅰ. ①电… Ⅱ. ①张…②李… Ⅲ. ①电子电路—计算机仿真—应用软件 Ⅳ. ①TN702.2

中国版本图书馆 CIP 数据核字(2017)第 160897 号

书　　　　名	电路与 Systemview 仿真
著作责任者	张　柯　李琳芳　主编
责 任 编 辑	张珊珊
出 版 发 行	北京邮电大学出版社
社　　　　址	北京市海淀区西土城路 10 号(邮编:100876)
发 行 部	电话:010-62282185　传真:010-62283578
E-mail	publish@bupt.edu.cn
经　　　　销	各地新华书店
印　　　　刷	保定市中画美凯印刷有限公司
开　　　　本	787 mm×1 092 mm　1/16
印　　　　张	12
字　　　　数	312 千字
版　　　　次	2017 年 8 月第 1 版　2017 年 8 月第 1 次印刷

ISBN 978-7-5635-5143-9　　　　　　　　　　　　　　　　定价:26.00 元

前　言

随着电子技术的发展,社会对电子通信类专业人才的需求越来越大,同时,电子通信类技术性行业对从业人员的实践能力要求较高。而相关专业课的学习难度较大,因此,在学习专业课之前,必须要打好"电路"基础,对电路的相关知识要深刻掌握。

为了满足大多数本科院校对"电路"这一基础课程的教学要求,增强学生的仿真设计能力,根据国家教育部教学指导小组制定的大纲要求,我们编写了《电路与 Systemview 仿真》这本教材。本教材在内容的编写上坚持基础知识与应用实践相结合,重点讲解基本原理和基本分析方法,尽量减少公式推导,力求让读者掌握电路的基础知识。同时,本书配有大量的例题供读者分析,并且有仿真测试,让读者在掌握理论的同时,学会 Systemview 这一重要的电路仿真软件,为后续专业课程的学习打下坚实的基础。

为便于读者学习,本教材在每一章的结尾都添加了小结和思考题,并在除第 1 章和第 9 章之外的需要对电路进行定量分析的章节添加了习题。

本书由张柯、李琳芳担任主编,张海燕、张树静担任副主编。第 1 章、第 2 章、第 9 章由张柯编写,第 3 章、第 8 章由张海燕编写,第 4 章、第 5 章由李琳芳编写,第 6 章、第 7 章由张树静编写。

由于编者水平和时间有限,本书内容难免有疏漏之处,恳请广大读者批评指正。

编　者

目　　录

第1章 电路基础知识和电路定律

本章是全书的重要理论基础,将介绍电路与电路模型,电路的基本物理量,电流、电压参考方向的概念,以及作为进行电路分析基本依据的基尔霍夫定律和元件伏安关系等概念,并具体介绍三种基本的电路元件——电阻、电压源与电流源,最后还将介绍基尔霍夫定律。它们在以后各章中都要用到,因此必须充分重视。

1.1 电路和电路模型

1.1.1 电路的组成及功能

1. 概念

电路是电流通过的路径。实际电路通常由各种电路实体部件(如电源、电阻器、电感线圈、电容器、变压器、仪表、二极管、三极管等)组成。每一种电路实体部件都具有各自不同的电磁特性和功能,按照人们的需要,把相关电路实体部件按一定方式进行组合,就构成了一个个电路。如果某个电路元器件数很多且电路结构较为复杂时,通常又把这些电路称为电网络,简称网络。

2. 电路的组成及各部分作用

手电筒电路、单个照明灯电路是实际应用中较为简单的电路,而电动机电路、雷达导航设备电路、计算机电路、电视机电路等都是较为复杂的电路,但不管简单还是复杂,电路的基本组成部分都离不开三个基本环节:电源、负载和中间环节。

电源:给电路提供电能的装置。其作用是将其他形式的能量,如化学能、热能、机械能、原子能等转换为电能,如发电机、电池等。在电路中,电源是激励,是激发和产生电流的因素。

负载:使用电能的设备,其作用是将电源提供的电能转变为其他形式的能。在电路中,负载是响应,通过负载,把从电源接收到的电能转换为人们需要的能量形式,如电灯把电能转变成光能和热能,电动机把电能转换为机械能,充电的蓄电池把电能转换为化学能等。

中间环节:将电源和负载连接成一个电流通路,其作用是传输、分配和控制电能。电源和负载连通离不开传输导线,电路的通、断离不开控制开关,实际电路为了长期安全工作还需要一些保护设备(如熔断器、热继电器、空气开关等),它们在电路中起着传输和分配能量、控制和保护电气设备的作用。

3. 电路的功能

电路就其功能来说可概括为两个方面。其一,是进行能量的转换、传输和分配。如电力系统中的输电线路。发电厂的发电机组将其他形式的能量转换成电能,通过变压器、输电线路等输送给各用户,在那里又把电能转换成机械能、光能、热能等。其二,是实现信息的传递与处理。如电话、收音机、电视机电路。接收天线把载有语言、音乐、图像信息的电磁波接收后,通过电路把输入信号(又称激励)变换或处理为人们所需要的输出信号(又称响应)送到扬声器或显像管,再还原为语言、音乐或图像。

1.1.2 电路模型

实际的电路元件种类繁多,特性、用途各异,为了便于分析,常常在一定条件下对实际器件加以理想化,只考虑其中起主要作用的电磁特性,而将次要特性忽略,用一些理想电路元件及其组合来表征实际器件的电磁性能。如电阻器、灯泡、电炉等,它们主要是消耗电能的,可以用一个理想的"电阻元件"来表示;像干电池、发电机等,它们主要是供给能量的,就可以用一个理想的"电压源"来表示;另外,还有的元件主要是储存磁场能量或储存电场能量的,就可以用一个理想"电感元件"或一个理想"电容元件"来表示等,图 1-1 中列出了五种常用的理想电路元件及其图形符号。

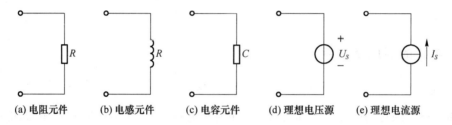

(a) 电阻元件   (b) 电感元件   (c) 电容元件   (d) 理想电压源   (e) 理想电流源

图 1-1   理想电路元件及图形符号

用理想电路元件及其组合近似替代实际电路元件,便构成了与实际电路相对应的电路模型。用规定的电路符号表示各种理想元件而得到的电路模型图称为电路原理图,简称电路图。

图 1-2(b)便是实际电路图 1-2(a)的电路模型,这样做的结果,不仅简化了电路的画法,更重要的是,由于电路中只包含为数不多、特性比较简单的理想元件,使电路的分析大为简化,今后如未加特殊说明,所研究的均是由理想元件构成的电路模型,电路中的连接导线均为无阻导线。

例如,图 1-2 所示是一个最简单的手电筒电路及它的电路模型。

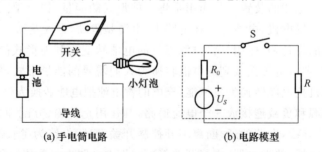

(a) 手电筒电路   (b) 电路模型

图 1-2   手电筒电路及其电路模型

由图 1-2 可看出,手电筒的实体电路较为复杂,而电路模型显然清晰明了。

思考与练习

1.1.1　电路由哪几部分组成,各部分的作用是什么?

1.1.2　试述电路的分类及其功能。

1.1.3　何谓理想电路元件? 如何理解"理想"二字在实际电路中的含义? 何谓电路模型?

1.1.4　你能说明集总参数元件的特征吗? 你如何在电路中区分电源和负载?

1.1.5　在电路分析中采用理想元件和电路模型的意义何在?

1.2　电流、电压及其参考方向

1.2.1　电流及其参考方向

电荷有规则的定向移动形成电流。在稳恒直流电路中,电流的大小和方向不随时间变化;在正弦交流电路中,电流的大小和方向按正弦规律变化。

在金属导体内部,自由电子可以在原子间作无规则的运动;在电解液中,正负离子可以在溶液中自由运动。如果在金属导体或电解液两端加上电压,在金属导体内部或电解液中就会形成电场,自由电子或正负离子就会在电场力的作用下作定向移动,从而形成电流。

电流的大小是用单位时间内通过导体横截面的电量进行衡量的,称为电流强度,即

$$i = \frac{dq}{dt} \tag{1-1}$$

电流不但有大小,而且有方向。规定:以正电荷移动的方向为电流的实际方向。

大小和方向都不随时间改变的电流叫恒定电流,通常所说的直流电流是指恒定电流,简称直流(DC),以后对大小和方向都不随时间变化的物理量均用大写字母来表示。如对直流电流,用大写字母"I"表示;对变化的电流,用小写字母"i"表示,对于直流,式 1-1 应写为

$$I = \frac{Q}{t} \tag{1-2}$$

在式(1-1)和式(1-2)中,当电量 $q(Q)$ 的单位采用国际制单位库仑(C)、时间 t 的单位用国际制单位秒(s)时,电流 $i(I)$ 的单位就应采用国际制安培(A)。

电流还有较小的单位毫安(mA)、微安(μA)和纳安(nA),它们之间的换算关系为

$$1\ \text{A} = 10^3\ \text{mA} = 10^6\ \mu\text{A} = 10^9\ \text{nA}$$

在一些简单的电路中,电流的实际方向是显而易见的,如图 1-2 所示电路,开关 S 闭合后,电流从电源的正极流出,经负载 R 流向电源的负极。但在一些较复杂的电路中,电流的实际方向往往很难预先判断。特别是在交流电路中电流的实际方向在不断地改变,因此在这样的电路中很难标明电流的实际方向,为此,引入电流的"参考方向"来解决这一问题。当不知道电流的实际方向时,先任意选取一个方向作为电流的方向并标注在电路图上,然后,就按这个任

意选取的方向对电路进行计算,这个任意选取的方向就称为参考方向或正方向。

如图 1-3 所示,图中箭头是任意指定的该段电路中电流的参考方向,这个方向不一定就是电流的实际方向。若经计算得出电流为正值,说明所设参考方向与实际方向一致;若经计算得出电流为负值,说明所设参考方向与实际方向相反。

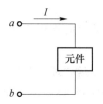

图 1-3   电流的参考方向

例如,对图 1-3 所选定的电流参考方向下,若算得电流 $I=2\,A$,可知这 2 A 的电流实际方向是由 a 端流向 b 端;如果算得电流 $I=-2\,A$,说明电流的实际方向与所选参考方向相反,那么这 2 A 电流的实际方向是从 b 端流向 a 端,电流的参考方向除用箭头在电路图上表示外,还可以用双下标表示,如对某一电流,用 i_{ab} 表示其参考方向由 a 指向 b。用 i_{ba} 表示其参考方向由 b 指向 a. 显然,两者相差一个负号,即:

$$i_{ab}=-i_{ba}$$

1.2.2 电压、电位和电动势

1. 电压及其参考方向

根据中学物理学可知,电压就是将单位正电荷从电路中一点移至电路中另一点时电场力所做的功,用数学式可表达为

$$U_{ab}=\frac{W_{ab}}{q} \tag{1-3}$$

式中 U_{ab} 就是电压。当电功的单位用焦耳(J),电量的单位用库仑(C)时,电压的单位是伏特(V)。电压的单位还有千伏(kV)和毫伏(mV),各种单位之间的换算关系为

$$1\,V=10^{-3}\,kV=10^{3}\,mV$$

电压不但有大小,而且有方向。规定:电场力移动正电荷的方向为电压的实际方向。

在复杂的电路中,电压的实际方向也是很难判定的,这给电路的分析计算带来困难,因此,和电流一样,在所研究的电路两点之间任意选定一个方向作为电压的"参考方向",在假设的电压参考方向下,若经计算得出电压为正值,说明所设参考方向与实际方向一致;若经计算得出电压为负值,说明所设参考方向与实际方向相反。两点间电压的标法可以用箭头表示,也可以用"+""-"极性表示;还可以用双下标表示,如 U_{ab} 表示电压的参考方向由 a 指向 b。

参考方向是一个极为重要的概念,电路的分析计算大都是在参考方向下进行的,使用时需要注意以下几点。

① 电流、电压的实际方向是客观存在的,不会因为参考方向选取的不同而改变。

② 在对电路进行分析时,对所提及的电流、电压必须首先选取其参考方向,并标明在电路上,而后才能对电路进行分析计算。在未选取参考方向的情况下,所得电流、电压的值为正或为负是没有意义的。

③ 电流、电压的参考方向可以任意假定,参考方向选取的不同,算出的电流、电压值相差一个负号,大小并不改变。

④ 参考方向一经选定,在电路的整个分析计算过程中就不能再有任何变动。

⑤ 虽说电流、电压的参考方向可以任意选定,但为了分析方便,常将同一元件上的电流和电压的参考方向选成一致,称为关联参考方向。反之,称为非关联参考方向,如图 1-4 所示。

(a) 关联参考方向　　　　　　　　(b) 非关联参考方向

图 1-4　关联与非关联参考方向

2. 电位

在分析电子线路时,常用到电位这一物理量,在电路中任选一点为参考点,常用符号"⊥"表示,则某点的电位就是该点到参考点的电压,电位用字母 V 表示,单位是 V(伏特)。

在电路中指定某点为参考点,如 O 点,则 a 点的电位:

$$V_a = U_{aO}$$

而参考点本身的电位,则是参考点到参考点的电压,显然,$V_O = U_{\infty} = 0$,所以参考点又称零电位点。

只有先明确了电路的参考点,再讨论电路中各点的电位才有意义。电路理论中规定:参考点的电位取零值,其他各点的电位值均要和参考点相比,高于参考点的电位是正电位,低于参考点的电位是负电位。

如果已知 a、b 两点的电位分别为 V_a、V_b,则此两点间的电压:

$$U_{ab} = U_{aO} + U_{Ob} = U_{aO} - U_{bO} = V_a - V_b \tag{1-4}$$

可见,两点间的电压就等于这两点的电位之差。所以,电压又叫电位差。

在电路中不指明参考点而谈某点的电位是没有意义的,至于选哪点为参考点,则要以分析问题方便为依据。在电工技术中,通常以与大地连接的点作为参考点;在电子线路中,通常以与公共的接机壳点作为参考点。

需要指出:电路中的参考点可以任意选取,但同一电路中只能选一个点作为参考点,参考点一经选定,电路中其他各点的电位也就确定了。当所选参考点变动时,电路中其他各点的电位将随之而变,但任意两点间的电压是不变的。

由式 1-4 也可以看出,电压是绝对的量,电路中任意两点间的电压大小,仅取决于这两点电位的差值,与参考点无关。

例 1-1　图 1-5 电路中,已知 $U_2 = 5$ V,$U_3 = -3$ V,$U_4 = 4$ V,试分别求:① 以 d 为参考点时其他各点的电位;② 以 a 为参考点时其他各点的电位;并求两种情况下的 U_{ac}。

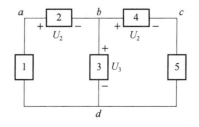

图 1-5　例 1-1 图

解:① $V_d=0$ 时，

$$V_b=U_{bd}=U_3=-3\ \text{V}$$

$$V_a=U_{ad}=U_{ab}+U_{bd}=U_2+U_3=5+(-3)=2\ \text{V}$$

$$V_C=U_{cd}=U_{cb}+U_{bd}=-U_{bc}+U_{bd}=-U_4+U_3=-4+(-3)=-7\ \text{V}$$

$$U_{ac}=V_a-V_C=2-(-7)=9\ \text{V}$$

② $V_a=0$ 时，

$$V_b=U_{ba}=-U_{ab}=-U_2=-5\ \text{V}$$

$$V_C=U_{ca}=U_{cb}+U_{ba}=-U_4-U_2=-4-5=-9\ \text{V}$$

$$V_d=U_{da}=U_{db}+U_{ba}=-U_3-U_2=-(-3)-5=-2\ \text{V}$$

$$U_{ac}=V_a-V_C=0-(-9)=9\ \text{V}$$

由此例可看出，电路中各点的电位是一个相对值，它随着参考点的改变而改变，而电路中任意两点间的电位差即电压是一个绝对值，不随参考点的改变而改变。

3. 电动势

电动势和电位一样属于一种势能，它反映了电源内部能够将非电能转换为电能的本领。从电的角度上看，电动势代表了电源力将电源内部的正电荷从电源负极移到电源正极所做的功，是电能累积的过程。电动势定义式的形式与电压、电位类同，因此它们的单位相同，都是伏特(V)。

电路中的持续电流需要靠电源的电动势来维持，这就好比水路中需要用水泵来维持连续的水流一样。水泵之所以能维持连续的水流，是由于水泵具有将低水位的水抽向高水位的本领，从而保持水路中两处的水位差，高处的水就能连续不断地流向低处。电源之所以能够持续不断地向电路提供电流，也是由于电源内部存在电动势的缘故。电动势用符号"E"表示。在电路分析中，电动势的方向规定由电源负极指向电源正极，即电位升高的方向。

思考与练习

1.2.1 什么是参考方向？什么是关联参考方向？参考方向与实际方向是什么样的关系？

1.2.2 为什么必须把参考方向标明在电路图上？

1.2.3 在某电路中，若选 d 点为参考点，a 点的电位为 6 V，若改选 a 点为参考点，d 点的电位为多少？电路中其他各点的电位又将怎样变化？

1.2.4 电压、电位、电动势有何异同？

1.2.5 在电路分析中，引入参考方向的目的是什么？应用参考方向时，会遇到"正、负，加、减，相同、相反"这几对词，你能说明它们的不同之处吗？

1.3 电功和电功率

1.3.1 电功

把电能转换成其他形式的能量时(如电流能使电动机转动，电炉发热，电灯发光)，电流都要做功,说明电流具有做功的本领。电流所做的功称为电功。电流做功的同时伴随着能量的转换,其做功的大小显然可以用能量进行度量,即

$$W = UIt \tag{1-5}$$

式中电压的单位用伏特(V),电流的单位用安培(A),时间的单位用秒(s)时,电功(或电能)的单位是焦耳(J)。工程实际中,还常常用千瓦小时(kWh)来表示电功(或电能)的单位,1 kWh 又称为一度电。一度电的概念可用下述例子解释:100 W 的灯泡使用 10 个小时耗费的电能是 1 度;40 W 的灯泡使用 25 小时耗费电能也是 1 度;1 000 W 的电炉加热一个小时,耗费电能还是 1 度,即 1 度 = 1 kW×1 h。

1.3.2　电功率

电功只能衡量电流在一段时间做的功,并不能衡量电流做功的快慢,因为不知道这些功是在多长时间内完成的,为了衡量电流做功的快慢,引入电功率这个概念。

我们把单位时间内电流所做的功称为电功率。电功率用 P 表示,即

$$P = \frac{W}{t} = \frac{UIt}{t} = UI \tag{1-6}$$

式中电功的单位用焦耳(J),时间的单位用秒(s),电压的单位为伏特(V),电流的单位为安培(A)时,电功率的单位是瓦特(W)。

任选一段电路,如图 1-6 所示,电压和电流选为关联参考方向时,电场力做功,电路吸收功率,其值为:

$$p = ui \tag{1-7}$$

当电压和电流为非关联参考方向时,如图 1-7 所示,非电场力做功,电路发出功率,为了与吸收功率区分开,计算公式为:

$$p = -ui \tag{1-8}$$

总之,在计算功率时,首先应根据电压和电流的参考方向是否关联选用相应的计算公式,再代入相应的电压、电流值,u、i 可以为正,也可以为负,但无论 u、i 的正、负如何,无论选用哪一个计算公式,若算得电路的功率为正,则表示电路在吸收功率;若算得电路的功率为负,则表示电路在发出功率。

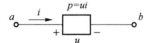
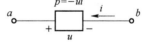

图 1-6　u、i 为关联参考方向下的功率　　　　图 1-7　u、i 为非关联参考方向下的功率

例 1-2　试求图 1-8 中各元件吸收或发出的功率

解:① 图 1-8(a)所示,电压和电流取关联参考方向,应选用式(1-7)

　　　　$P = 6×2 = 12$ W　($P > 0$ 元件吸收功率 12 W)

② 图 1-8(b)所示,电压和电流取非关联参考方向,应选用式(1-8)

　　　　$P = -6×2 = -12$ W　($P < 0$ 元件发出功率 12 W)

③ 图 1-8(c)所示,电压和电流取关联参考方向,应选用式(1-7)

　　　　$P = (-6)×2 = -12$ W　($P < 0$ 元件发出功率 12 W)

④ 图 1-8(d)所示,电压和电流取非关联参考方向,应选用式(1-8)

　　　　$P = -6×(-2) = 12$ W　($P > 0$ 元件吸收功率 12 W)

电路分析中,电功率也是一个有正、负之分的量。当一个电路元件上消耗的电功率为正值时,说明这个元件在电路中吸收电能,是负载;若电路元件上消耗的电功率为负值时,说明它在向电路提供电能,起电源的作用,是电源。

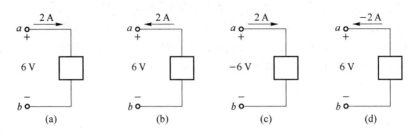

图 1-8 例 1-2 图

思考与练习

1.3.1　如图 1-3(a)所示,若已知元件吸收功率为−20 W,电压 $U=5$ V,求电流 I。

1.3.2　如图 1-3(b)所示,若已知元件中通过的电流 $I=-100$ A,元件两端电压 $U=10$ V,求电功率 P,并说明该元件是吸收功率还是发出功率。

1.3.3　电功率大的用电器,电功也一定大。这种说法正确吗?为什么?

1.3.4　发电厂为了传输一定的功率,为什么采用高压输电?

1.3.5　当电压和电流的参考方向选择为关联或非关联时,须选用不同的功率计算公式,为什么结果为正时均认为是吸收功率?结果为负时均认为是发出功率?

1.4　电压源和电流源

1.4.1　理想电压源

实际电路设备中所用的电源,多数是需要输出较为稳定的电压,即设备对电源电压的要求是:当负载电流改变时,电源所输出的电压值尽量保持或接近不变。但实际电源总是存在内阻的,因此当负载增大时,电源的端电压总会有所下降。为了使设备能够稳定运行,工程应用中,我们希望电源的内阻越小越好,当电源内阻等于零时,就成为理想电压源。

理想电压源具有两个显著特点:

(1) 它对外供出的电压 U_S 是恒定值(或是一定的时间函数),与流过它的电流无关;

(2) 理想电压源的电流是任意的,由与之相连的外电路来决定。

理想电压源的伏安特性如图 1-9 所示。

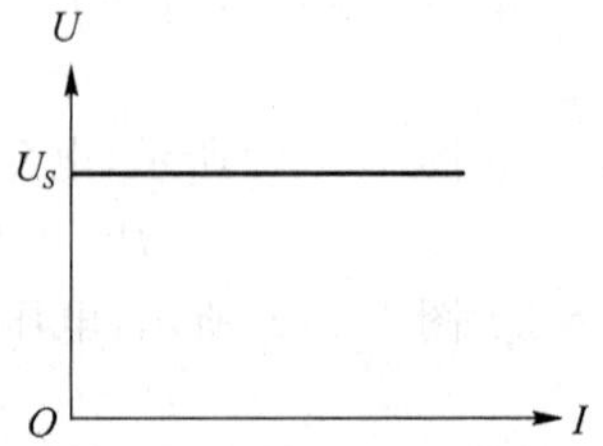

图 1-9　理想电压源的伏安特性

例 1-3　求图 1-10 所示各电路中电压源的电流。

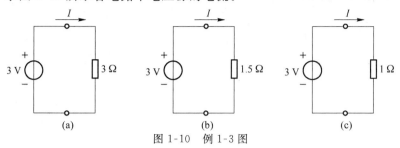

图 1-10　例 1-3 图

解： 图 1-10(a)中电压源的电流：

$$I = \frac{2}{3} = 1\ \text{A}$$

图 1-10(b)中电压源的电流：

$$I = \frac{3}{1.5} = 2\ \text{A}$$

图 1-10(c)中电压源的电流：

$$I = \frac{3}{1} = 3\ \text{A}$$

可见，电压源的电流不由自身确定，而由与之相连的外电路决定，不论流过电压源的电流是多大，朝什么方向，电压源的端电压始终恒定不变。因而电压源的伏安特性曲线是一条与 I 轴平行的水平线，如图 1-9 所示。

电压源外接电阻越小，电流就越大。理论上讲，电流的大小可以是零（外电路断开）和无穷大（外电路短路）之间的任意值。但是，无穷大的电流将造成电源的烧毁，因此，理想电压源决不允许短路。

1.4.2　理想电流源

实际电路设备中所用的电源，并不是在所有情况下都要求电源的内阻越小越好。在某些特殊场合下，有时要求电源具有很大的内阻，因为高内阻的电源能够有一个比较稳定的电流输出。

例如一个 60 V 的蓄电池串联一个 60 kΩ 的大电阻，就构成了一个最简单的高内阻电源。这个电源如果向一个低阻负载供电，基本上就可具有恒定的电流输出。譬如低阻负载在 1～10 Ω 之间变化时，这个高内阻电源供出的电流

$$I = \frac{60}{60\,000 + R} \approx 1\ \text{mA}$$

电流基本维持在 1 mA 不变。这是因为只有几个或十几欧的负载电阻，与几十千欧的电源内阻相加时是可以忽略不计的。很显然，在这种情况下，电源的内阻越高，此电源输出的电流就越稳定。当电源内阻为无限大时，供出的电流就是恒定值，这时我们称它为理想电流源。

理想电流源也具有两个显著特点：

(1) 它对外供出的电流 I_S 是恒定值（或是一定的时间函数），与它两端的电压无关；

(2) 加在理想电流源两端的电压是任意的，由与之相连的外电路共同来决定。

理想电流源的伏安特性如图 1-11 所示。

图 1-11　理想电流源伏安特性

例 1-4 求图 1-12 电路中电流源的端电压。

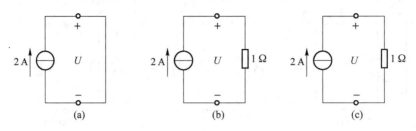

图 1-12 例 1-4 图

解：图 1-12(a)中电流源的端电压：

$$U=0$$

图 1-12(b)中电流源的端电压：

$$U=2\,\text{A}\times1\,\Omega=2\,\text{V}$$

图 1-12(c)中电流源的端电压：

$$U=2\,\text{A}\times3\,\Omega=6\,\text{V}$$

可见，电流源的端电压不由自身决定，而由与之相连的外电路决定。不论外接什么电路，电流源始终输出恒定不变的电流 I_S。在图 1-22(a)中，电流源外接短路线，故其端电压为零，但不要认为电流源的端电压为零就不输出电流了。当电流源外接负载电阻 R_L 时，其端电压为 $I_S R_L$。当电流源外接一个电压源时，其端电压等于该电压源的电压。所以电流源的端电压是任意的，决定于外电路的情况，电流源的伏安特性曲线是一条平行于 U 轴的直线，如图 1-12 所示。

理论上讲，电流源端电压的大小可以是零(外电路短路)和无穷大(外电路开路)之间的任意值，但是，无穷大的电压将造成电流源被击毁。因此，理想电流源决不允许开路。

1.4.3 实际电源的两种电路模型

实际电源既不同于理想电压源，又不同于理想电流源。即上面所讲的理想电压源和理想电流源在实际当中是不存在的。实际电源的性能只是在一定的范围内与理想电源相接近。

实际电源总是存在内阻的。当实际电源的电压值变化不大时，一般用一个理想电压源与一个电阻元件的串联组合作为其电路模型，即实际电压源，如图 1-13(a)所示。

当实际电源供出的电流值变化不大时，常用一个理想电流源与一个电阻元件的并联组合作为它的电路模型，即实际电流源，如图 1-13(b)所示。

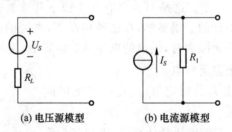

(a) 电压源模型　　　　(b) 电流源模型

图 1-13 实际电源的两种电路模型

当我们把电源内阻视为恒定不变时，电源内部和外电路的消耗就主要取决于外电路负载的大小。即电源内部的消耗和外电路的消耗是按比例分配的。在电压源形式的电路模型中,这种分配比例是以分压形式给出的;在电流源形式的电路模型中,则是以分流形式给出的比例分配。

因为实际电源内阻上的功率消耗一般很小,所以实际电源的两种电路模型所对应的伏安特性曲线与理想电源的伏安特性非常接近,如图 1-14 所示。

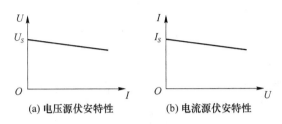

(a) 电压源伏安特性   (b) 电流源伏安特性

图 1-14 实际电源两种电路模型的伏安特

思考与练习

1.4.1 理想电压源和理想电流源各有何特点? 它们与实际电源的区别主要在哪里?

1.4.2 碳精送话器的电阻随声音的强弱变化,当电阻阻值由 300 Ω 变至 200 Ω 时,假设由 3 V 的理想电压源对它供电,电流变化多少?

1.4.3 实际电源的电路模型如图 1-24(a) 所示,已知 $U_S = 20$ V,负载电阻 $R_L = 50$ Ω,当电源内阻分别为 0.2 Ω 和 30 Ω 时,流过负载的电流各为多少? 由计算结果可说明什么问题?

1.4.4 当电流源内阻很小时,对电路有何影响?

1.4.5 为什么采用一个理想电流源和一个电阻并联组合的模型来表征一个实际电流源,而不能采用一个理想电流源和一个电阻的串联组合的模型来表征?

1.4.4 受控源

前面介绍了电压源和电流源,它们输出的电压或电流是由其本身决定的,均与电路别处的电压或电流无关,所以将这类电源称为独立电源。此外,电路中还有另一种电源,它们的电流或电压受到电路中其他支路电流或电压的控制,这类电源称为受控源。受控源在电路中不直接起激励作用,它只是用来反映电路中某一支路电压或电流对另一支路电压或电流的控制关系。当控制量为零时,受控支路的电流或电压也为零。因此受控源不能独立存在,它是一种非独立电源。

受控源可用一个具有两对端钮的电路模型来表示,一对输入端和一对输出端。输入端是控制量所在的支路,称为控制支路,控制量可以是电压,也可以是电流。输出端是受控源所在支路,它输出被控制的电压或电流。这样,受控源可有四种类型:电压控制电压源(简称 VCVS);电压控制电流源(简称 VCCS);电流控制电压源(简称 CCVS);电流控制电流源(简称 CCCS)。它们在电路中的图形符号分别如图 1-15(a)、图 1-15(b)、图 1-15(c)、图 1-15(d) 所示。

为了区别于独立源,受控源的符号用菱形表示。图中 μ、g、r、β 称为受控源的控制系数,μ 称为电压放大系数,没有量纲。g 称为转移电导,单位是 S(西门子)。r 称为转移电阻,单位是

Ω(欧姆)。β称为电流放大系数,没有量纲。当这些系数为常数时,其被控制量与控制量成正比关系,这类受控源称为线性受控源。

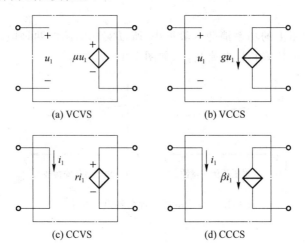

(a) VCVS   (b) VCCS

(c) CCVS   (d) CCCS

图 1-15 受控源图形符号

1.4.5 电压源、电流源的串联和并联

电压源、电流源的串联和并联问题的分析是以电压源和电流源的定义及外特性为基础,结合电路等效的概念进行的。

理想电压源的串联电路如图 1-16 所示。

n 个理想电压源串联,根据 KVL(Kirchhoff Voltage Law,基尔霍夫电压定律)基得等效电压源电压为:

$$U_S = U_{S_1} + U_{S_2} + \cdots + U_{S_k} = \sum_{k=1}^{n} U_{S_k} \tag{1-9}$$

如果 U_{S_k} 的参考方向与 U_S 的参考方向一致,则 U_{S_k} 在式中取"+"号,否则取"－"号。

只有同值同极性的电压源才允许并联,否则违反 KVL。

理想电流源的并联电路如图 1-17 所示。

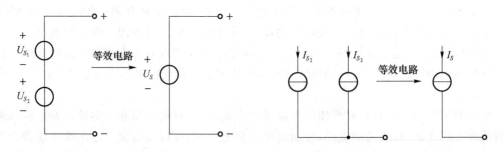

图 1-16 理想电压源的串联   图 1-17 理想电流源的并联

n 个理想电流源并联,根据 KCL 得等效电流源电流为:

$$I_S = I_{S_1} + I_{S_2} + \cdots + I_{S_k} = \sum_{k=1}^{n} I_{S_k} \tag{1-10}$$

如果 I_{S_k} 的参考方向与 I_S 的参考方向一致,则 I_{S_k} 在式中取"＋"号,否则取"－"号。

只有同值同向的电流源才允许串联,否则违反 KCL。

理想电压源与任何二端器件(或支路)并联可等效为该理想电压源,如图 1-18 所示。

理想电流源与任何二端器件(或支路)串联可等效为该理想电流源,如图 1-19 所示。

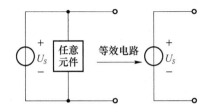
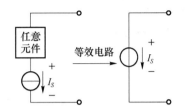

图 1-18　理想电压源与二端元件并联　　图 1-19　理想电流源与二端元件串联

实际电压源模型串联可等效为一个实际电压源模型,如图 1-20 所示。

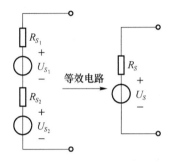

图 1-20　实际电压源模型串联

依据端口电压、电流关系,并由等效概念可推导出其关系为

$$U_S = U_{S_1} + U_{S_2}$$
$$R_S = R_{S_1} + R_{S_2}$$

同理可得实际电流源模型并联可等效为一个实际电流源模型,如图 1-21 所示。其中

$$I_S = I_{S_1} + I_{S_2}$$
$$\frac{1}{R} = \frac{1}{R_1} + \frac{1}{R_2}$$

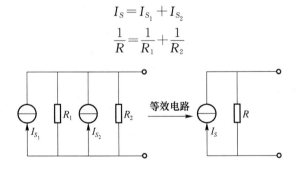

图 1-21　实际电流源模型并联

在运用两种电源模型的等效变换化简电路时,应注意以下几点。

(1)"等效"只是对模型以外的电路而言,对两种模型内部并不等效。

(2)理想电压源的伏安特性为平行于电流轴的直线,理想电流源的伏安特性为平行电压轴的直线,两者的伏安特性完全不同,因此,理想电压源和理想电流源之间不能进行等效变换。

(3)变换后的电源与变换前的电源所在位置相同,不得变动,电压源从负极到正极的方向与电流源电流的方向在变换前后应保持一致。

（4）R_0（或 R_S）不一定特指电源内阻，只要是与电压源（或电流源）的串联（或并联）组合就可以进行等效变换。

（5）利用电源的等效变换化简电路时，整体上要有一个清晰的思路，应该有目的的"变"，切不可"能变就变"。

例 1-5 利用电源等效变换简化电路计算图 1-22(a)所示电路中的电流 I。

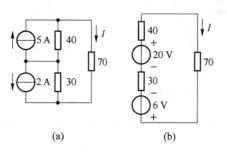

(a)   (b)

图 1-22 例 1-5 图

解：把图中电流源和电阻的并联组合变换为电压源和电阻的串联组合（注意电压源的极性）如图 1-22(b)。

从中解得：

$$I = \frac{20-6}{7+7} = 1 \text{ A}$$

例 1-6 利用电源等效变换计算图 1-23(a)所示电路中的电压 I。

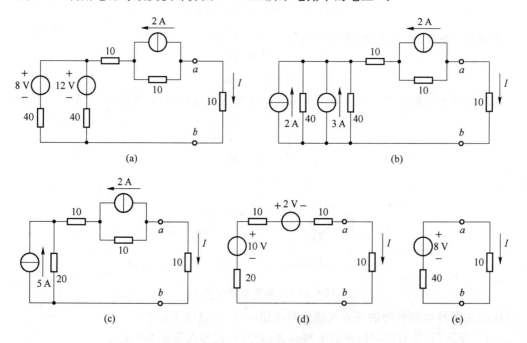

(a)   (b)

(c)   (d)   (e)

图 1-23 例 1-6 图

解：将图 1-23(a)所示电路 a、b 端左边电路进行变换、化简，过程如图 1-23(b)、图 1-23(c)、图 1-23(d)、图 1-23(e)所示，由图 1-23(e)可得

$$I = \frac{8}{4+1} = 1.6 \text{ A}$$

思 考 与 练 习

1.4.1　在受控电压源、电阻串联组合与受控电流源、电阻并联组合之间进行等效互换时，应注意什么？

1.5　基尔霍夫定律

对于较简单的电路的分析计算可以利用欧姆定律，但实际电路往往是比较复杂的，对此类电路的分析计算不仅要运用欧姆定律，还要运用基尔霍夫定律。基尔霍夫定律是分析电路的根本依据，它不但适用于简单电路，而且适用于复杂电路；不但适用于直流电路，而且也适用于交流电路；不但适用于线性电路，而且也适用于非线性电路。基尔霍夫定律是电路分析的重要理论基础，贯穿于本课程。

1.5.1　电路的几个常用术语

1. 支路
电路中通过同一电流并含有一个及一个以上元件的分支叫支路。如图 1-24 中的 ab、adb、acb 三条支路。对一个整体电路而言，支路就是指其中不具有任何分岔的局部电路。

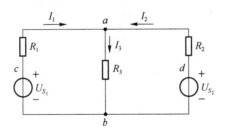

图 1-24　常用名词举例电路

2. 节点
电路中三条或三条以上支路的汇集点称为结点。如图 1-13 中的 a 点和 b 点。

3. 回路
电路中任一闭合的路径称为回路。如图 1-13 中的 $abca$、$adba$、$adbca$ 都是回路。

4. 网孔
电路中不包含有任何支路的回路称为网孔，如图 1-13 中的 $abca$ 和 $adba$ 两个网孔。网孔中不包含回路，但回路中可能包含有网孔。

1.5.2 基尔霍夫电流定律

基尔霍夫电流定律(KCL)也称基尔霍夫第一定律,其内容是:对电路中任一节点而言,在任一时刻,流入节点的电流之和恒等于流出该节点的电流之和。数学表达式为

$$\sum i_入 = \sum i_出 \quad 或 \quad \sum I_入 = \sum I_出 (直流) \tag{1-11}$$

需要指出的是:在运用式 1-11 列写 KCL 方程时,电流的"流入"和"流出"均是针对电流的参考方向而言的。例如,对于图 1-13 电路中的节点 a,其 KCL 方程为:

$$I_3 = I_1 + I_2$$

或:

$$I_3 - I_1 - I_2 = 0$$

因此基尔霍夫电流定律可改写为另一种形式:对电路中任一节点而言,在任一时刻,流入或流出该节点电流的代数和恒等于零。数学表达式为:

$$\sum i = 0 \quad 或 \quad \sum I = 0 (直流) \tag{1-12}$$

例 1-7 在图 1-25 所示电路中,已知 $I_1 = -2$ A, $I_2 = 6$ A, $I_3 = 3$ A, $I_5 = -3$ A,参考方向如图标示。求元件 4 和元件 6 中的电流。

解:首先应在图中标示出待求电流的参考方向。设元件 4 上的电流方向从 a 点到 b 点;流过元件 6 上的电流指向 b 点。

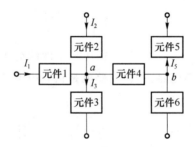

图 1-25 例 1-7 图

对 a 点列 KCL 方程式,并代入已知电流值

$$I_1 + I_2 - I_3 - I_4 = 0$$
$$(-2) + 6 - 3 - I_4 = 0$$

求得

$$I_4 = (-2) + 6 - 3 = 1 \text{ A}$$

对 b 点列 KCL 方程式,并代入已知电流值

$$I_4 - I_5 + I_6 = 0$$
$$1 - (-3) + I_6 = 0$$

求得

$$I_6 = (-1) - 3 = -4 \text{ A}$$

式中 I_6 得负值,说明设定的参考方向与该电流的实际方向相反。

在电路中流入某一地方多少电荷,必定同时从该地方流出去多少电荷,这一结论称为电流的连续性原理。根据这一原理,KCL 可以推广应用于电路中的任一假设封闭面即流入某封闭

面的电流之和恒等于流出该封闭面的电流之和,如图 1-26 所示。

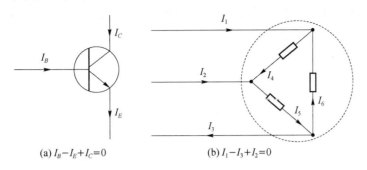

(a) $I_B - I_E + I_C = 0$ (b) $I_1 - I_3 + I_2 = 0$

图 1-26　KCL 定律推广应用

1.5.3　基尔霍夫电压定律

基尔霍夫电压定律(KVL)也称基尔霍夫第二定律,其内容是:对电路中任一回路而言,在任一时刻,沿任意回路绕行一周(顺时针方向或逆时针方向),回路中各段电压的代数和恒等于零,即

$$\sum u = 0 \quad 或 \quad \sum U = 0 \quad (直流) \tag{1-13}$$

如果约定沿回路绕行方向,电压降低的参考方向与绕行方向一致时取正号,电压升高的参考方向与绕行方向一致时取负号。对图 1-27 所示电路,根据 KVL 可对电路中三个回路分别列出 KVL 方程式如下:

对左回路 $I_1 R_1 + I_3 R_3 - U_{S_1} = 0$

对右回路 $-I_2 R_2 - I_3 R_3 + U_{S_2} = 0$

对大回路 $I_1 R_1 - I_2 R_2 + U_{S_2} - U_{S_1} = 0$

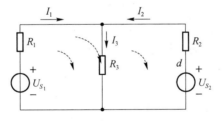

图 1-27　电路举例

KVL 不仅应用于电路中的任意闭合回路,同时也可推广应用于回路的部分电路。以图 1-28 所示电路为例,应用 KVL 可列出

$$\sum U = IR + U_S - U$$

或

$$U = IR + U_S$$

应用 KVL 时应注意,列写方程式之前,必须在电路图上标出各元件端电压的参考极性,然后根据约定的正、负列写相应的方程式。当约定不同时,KCL 和 KVL 仍不失其正确性,会得到同样的结果。

例 1-8 在图 1-29 电路中,利用 KVL 求解图示电路中的电压 U。

解:显然,要想求出电压 U,需先求出支路电流 I_3,I_3 电流与待求电压 U 的参考方向如图 1-29 所示。

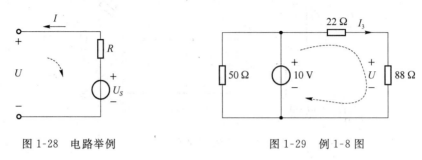

图 1-28 电路举例   图 1-29 例 1-8 图

对右回路假设一个如虚线所示的回路参考绕行方向,然后对该回路列写 KVL 方程式:

$$(22+88)I_3 = 10$$

求得:
$$I_3 = 10/(22+88) \approx 0.090\ 9\ \text{A}$$

因此
$$U = 0.090\ 9 \times 88 \approx 8\ \text{V}$$

KVL 和 KCL 一样可以推广应用,以图 1-30 所示电路为例进行 KVL 推广应用的说明。

图 1-30 所示电路是一个星形连接的电阻电路,其中 $ABOA$ 是一个非闭合的回路。

假设电阻 R_a 上电压 U_a 和 R_b 上电压 U_b 均为已知,求 A、B 两点电压时,就可设想在 A、B 之间有一个由 A 指向 B 的电压源 U_{ab},这时 $ABOA$ 可视为一个闭合回路。

设该回路绕行方向为图中虚线所示的顺时针方向,则可列写出如下 KVL 方程式

$$U_{ab} - U_b - U_a = 0$$

可得:

$$U_{ab} = U_b + U_a$$

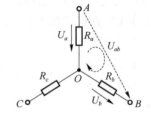

应用 KVL 定律或是推广应用 KVL 定律时,需要注意回路的闭合和非闭合概念是相对于电压而言的,并不是指电路形式上的闭合与否,因为 KVL 讨论的依据是"电位的单值性原理"。

图 1-30 KVL 的推广应用

学习和掌握了分析电路的三大基本定律后,我们初步了解到电路的约束大致可分为两类:一类是元件特性对元件本身电压、电流的约束,例如欧姆定律给出的线性电阻上的约束,这种约束关系不涉及元件之间的关系;另一类就是元件之间连接时给支路上电流与电压造成的约束,譬如 KCL、KVL 给出的这两种约束,它们不涉及元件本身的性质。

思考与练习

1.5.1 你能从理解的角度上来说明什么是支路、回路、结点和网孔吗?

1.5.2 您能说明欧姆定律和基尔霍夫定律在电路的约束上有什么不同吗?

1.5.3 在应用 KCL 定律解题时,为什么要首先约定流入、流出结点的电流的正、负? 计算结果电流为负值说明了什么问题?

1.5.4 应用 KCL 和 KVL 定律解题时,为什么要在电路图上先标示出电流的参考方向

及事先给出回路中的参考绕行方向?

1.5.5 KCL 和 KVL 的推广应用你是如何理解和掌握的?

本 章 小 结

1. 电路和电路模型

1) 由一些电气设备和元器件按一定的方式组合而成的总体称为电路。主要由电源、负载和中间环节组成,其作用是进行能量的转换或对电信号进行处理。

2) 为了便于分析和数学描述,将一个实际的电路抽象成由一些理想元件组成的电路,这种电路称为电路模型。用规定的电路符号表示各种理想元件而得到的电路模型图称为电路原理图,简称电路图。

2. 电路的基本物理量

1) 电流:电荷有规则的定向移动形成电流。电路分析中所谈到的电流,是指该电流的电流强度,$i = \dfrac{\mathrm{d}q}{\mathrm{d}t}$,单位是 A(安培),方向为正电荷运动的方向。

2) 电压:电压是衡量电场力对电荷做功能力的物理量,$u = \dfrac{\mathrm{d}w}{\mathrm{d}q}$,单位是 V(伏特),方向为"＋",极性端指向"－"极性端。

3) 电位:电位是电路中某一点到参考点的电压。在同一电路中,参考点选择的不同,则各点的电位值是不相同的;然而,任意两点间的电压值并不改变。

4) 电动势:电动势是描述电源力克服电场力做功本领的物理量,方向为"－"极性端指向"＋"极性端。

5) 参考方向:参考方向是人为假定的方向,在选定参考方向的前提下,若求得的结果是正值,表明实际方向与参考方向一致;若求得的结果为负值,表明实际方向与参考方向相反。同一元件上,电流和电压的参考方向一致时,称为关联参考方向,否则称为非关联参考方向。

6) 电功率:$p = ui$(关联)或 $p = -ui$(非关联),单位为 W,无论应用哪个计算公式,计算结果为正值表明电路吸收功率,计算结果为负值表明电路发出功率。

3. 电阻

它是表示导体对电流的阻力,其计算公式 $R = \rho l/S$,导体的电阻与温度有关,当温度升高,电阻变大。电阻的倒数叫电导,电导大的物质导电性能好。

4. 电压源和电流源

1) 电压源:理想电压源的端电压是一个定值 U_S 或是一定的时间函数 u_S,与通过它的电流无关;流过它的电流由它及与之相连的外电路共同决定,或者完全由外电路决定。实际电压源可以用一个理想电压源与一个电阻的串联组合来表示。

2) 电流源:理想电流源输出的电流是一个定值 I_S 或是一定的时间函数 i_S,与它两端的电压无关;它两端的电压由它及与之相连的外电路共同决定。实际电流源可以用一个理想电流源与一个电阻的并联组合来表示。

3) 受控源及含受控源电路的分析

大小和方向受电路中其他部分的电压或电流控制的电源称为受控源。受控源有:VCVS、

VCCS、CCVS 和 CCCS 四种类型。分析含有受控源的电路时,原则上受控源可以像独立源那样处理。

5. 电路的基本定律

1)欧姆定律:对线性电阻有 $u = Ri$(关联)或 $u = -Ri$(非关联)

欧姆定律只适用于线性电阻电路。

2)KCL 定律:对任一节点有:$\sum i = 0$

3)KVL 定律:对任一回路有:$\sum u = 0$

6. 电路中某一点电位等于该点与参考点之间的电压,计算电位时与所选择的路径无关。

7. 电桥电路由四个桥臂电阻及两条对角线组成,电源接在一条对角线上,当两个相对的桥臂电阻的乘积相等时,在另一条对角线两端出现等电位现象,则桥支路中无电流通过,此时称为电桥平衡。利用电桥平衡原理可以比较精确地测量电阻。

习　题　一

1.1　求图 1-31 所示各电路中的电压。

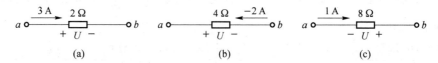

图 1-31　习题 1.1 图

1.2　求 图 1-32 所示各电路中的电流.

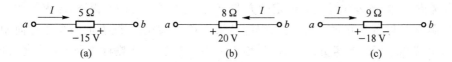

图 1-32　习题 1.2 图

1.3　两个额定值分别是"110 V,40 W""110 V,100 W"的灯泡,能否串联后接到 220 V 的电源上使用? 如果两只灯泡的额定功率相同时又如何?

1.4　图 1-34 所示电路中,已知 $U_s = 6$ V,$I_s = 3$ A,$R = 4$ Ω。计算通过理想电压源的电流及理想电流源两端的电压,并根据两个电源功率的计算结果,说明它们是产生功率还是吸收功率。

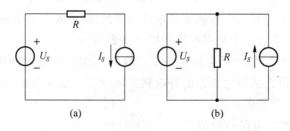

图 1-33　习题 1.4 图

1.5　电路如图 1-34 所示,已知 $U_s=100\,V$,$R_1=2\,k\Omega$,$R_2=8\,k\Omega$,在下列 3 种情况下,分别求电阻 R_2 两端的电压及 R_2、R_3 中通过的电流。①$R_3=8\,k\Omega$;②$R_3=\infty$(开路);③$R_3=0$(短路)。

1.6　电路如图 1-35 所示,求电流 I 和电压 U。

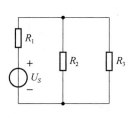
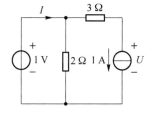

图 1-34　习题 1.5 图　　　　　图 1-35　习题 1.6 图

1.7　如图 1-36 所示,计算各段电路的功率,并说明各段电路是吸收还是发出功率?

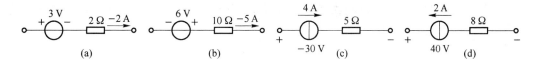

图 1-36　习题 1.7 图

1.8　有一个电阻为 20 Ω 的电炉,接在 220 V 的电源上,连续使用 4 h 后,问它消耗了几度电?

1.9　有一 2 kΩ 的电阻器,允许通过的最大电流为 50 mA,求电阻器两端允许加的最大电压,并求此时消耗的功率。

1.10　如图 1-37 所示,已知 R_1 消耗的功率为 40 W,求 R_2 两端的电压及消耗的功率。

1.11　如图 1-38 所示,已知开关 S 断开时,$U_s=10\,V$,开关 S 闭合时,$U_s=9\,V$,求内阻 R_S。

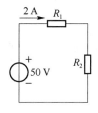
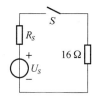

图 1-37　习题 1.10 图　　　　　图 1-38　习题 1.11 图

1.12　如图 1-39 所示,求开路电压 U_{ab}。

1.13　如图 1-40 所示,求各元件上的电压。

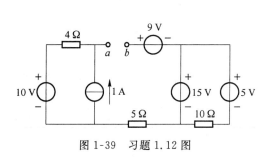
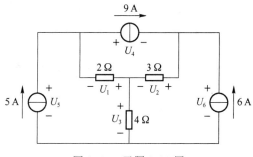

图 1-39　习题 1.12 图　　　　　图 1-40　习题 1.13 图

1.14 有一只 220 V、100 W 的灯泡,试求其额定电流及额定电阻。

1.15 一只 10 kΩ,0.5 W 的电阻器,能否在 50 V 的电压下工作?

1.16 求图 1-41 电路中的 U、I、R。

1.17 求图 1-42 电路中的 I_1、I_2、I_3。

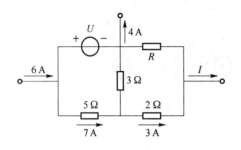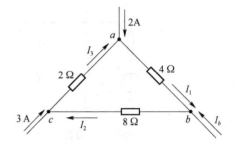

图 1-41 习题 1.16 图　　　　　　　　　　图 1-42 习题 1.17 图

1.18 电路如图 1-43 所示,开关 S 倒向 1 位时,电压表读数为 10 V,S 倒向 2 时,电流表读数为 10 mA,问倒向 3 位时,电压表电流表的读数各为多少?

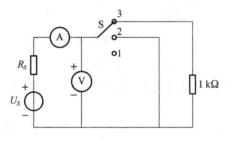

图 1-43 习题 1.18 图

仿真实训 1　基尔霍夫电流定律仿真

一、实验目的

(1) 利用仿真分析验证基尔霍夫电流定律。

(2) 加深对基尔霍夫电流定律的理解。

二、实验原理

基尔霍夫电流定律(KCL):在集总参数电路中,任何时刻,对于任一节点,所有支路电流的代数和恒等于零,即 $\Sigma I = 0$。通常约定:流出节点的支路电流取正号,流入节点的支路电流为负号。

三、实验内容与步骤

（1）在 Multisim 环境中创建如图 1-44 所示仿真实验电路。实验参数分别为 $R_1 = R_3 = R_4 = 510\ \Omega$，$R_5 = 330\ \Omega$，$R_2 = 1\ k\Omega$。$V_1 = 6\ V$，$V_2 = 12\ V$。

（2）在指示器件库中取出电流表，串联到电路中（如图 1-45 所示），按"启动/停止"按钮启动电路，分别测量三个支路电流 I_1、I_2、I_3。将各电流值记入表 1-1 中。

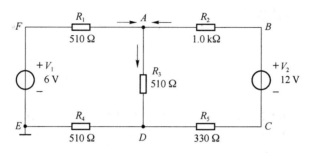

图 1-44　基尔霍夫定律的验证实验电路

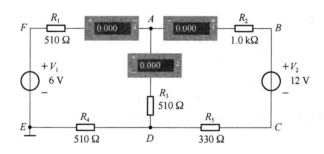

图 1-45　验证 KCL 实验电路

表 1-1　KCL 的测量和计算数据

	I_1/mA	I_2/mA	I_3/mA
计算值			
测量值			

四、实验注意事项

（1）电路一定要有接地线，否则电路无法工作。

（2）注意电压表、电流表的极性。

五、报告要求

（1）完成表 1-1 的计算，各支路电流计算值与仿真结果进行比较。

（2）根据表 1-1 的仿真结果，验证 KCL 在直流电路中的正确性。

仿真实训 2 基尔霍夫电压定律仿真

一、实验目的

（1）利用仿真分析验证基尔霍夫电压定律。

（2）加深对基尔霍夫电压定律的理解。

二、实验原理

基尔霍夫电压定律（KVL）：在集总参数电路中，任何时刻，沿着任一回路内所有支路或元件电压的代数和恒等于零，即 $\Sigma U = 0$。通常约定：凡支路电压或元件电压的参考方向与回路的绕行方向一致者取正号，反之取负号。

三、实验内容与步骤

（1）在 Multisim 环境中创建如图 1-46 所示仿真实验电路。实验参数分别为 $R_1 = R_3 = R_4 = 510\ \Omega$，$R_5 = 330\ \Omega$，$R_2 = 1\ \text{k}\Omega$。$V_1 = 6\ \text{V}$，$V_2 = 12\ \text{V}$。

（2）在指示器件库中取出电压表，并联到电路中（如图 1-47 所示），按软件"启动/停止"开关，启动电路，分别测两路电源和各电阻元件上的电压。将各电压值记入表 1-2 中。

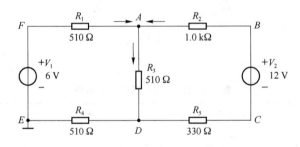

图 1-46 基尔霍夫定律的验证实验电路

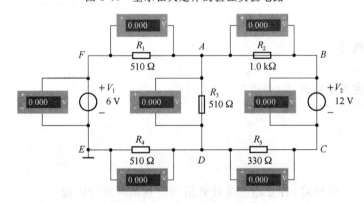

图 1-47 验证 KVL 实验电路

表 1-2　KVL 的测量和计算数据

	U_{FA}/V	U_{AB}/V	U_{BC}/V	U_{CD}/V	U_{DE}/V	U_{EF}/V	U_{AD}/V
计算值							
测量值							

四、实验注意事项

（1）电路一定要有接地线，否则电路无法工作。

（2）注意电压表、电流表的极性。

五、报告要求

（1）完成表 1-2 的计算，各支路电流计算值与仿真结果进行比较。

（2）根据表 1-2 的仿真结果，验证 KCL 在直流电路中的正确性。

第 2 章　电阻电路的等效变换

当电路中只有电压源、电流源和电阻元件时，这个电路称为电阻电路。本章主要讨论电阻电路的等效变换，包括电阻的串流和并联电路的等效变换，电阻的 Y 形和△形连接电路的等效变换，电源的等效变换。电路的等效变换是电路分析中一个常用的方法。本章虽然讨论的是电阻电路，但其中的方法和概念可以应用于其他电路。

2.1　电阻元件

自由电子在导体中做定向运动形成电流。运动过程中自由电子会和导体发生碰撞摩擦，从而造成能量的损失，这种阻碍自由电子运动的物质特性称为电阻。如日常生活中的灯泡、电炉等均可等效为电路模型中的电阻。电阻元件的电路符号如图 2-1 所示。

电阻元件的性质用其两端的电压和电流的关系描述，这种关系称为伏安特性。根据伏安特性的不同，将电阻分为线性的和非线性的。

图 2-1　电阻元件的电路符号

如图 2-2(a)所示为线性电阻元件的伏安关系，可以用通过原点的一条直线来描述。图 2-2(b)所示为非线性电阻元件的伏安关系，用通过原点的一条曲线来描述。如没有特别说明，本书电路中的电阻元件均为线性电阻。

对于线性电阻，当其两端的电压和电流满足关联参考方向时(如图 2-3 所示)，电压 u 和电流 i 满足以下关系：

$$u=Ri \tag{2-1}$$

称为欧姆定律。

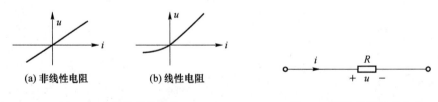

(a) 非线性电阻	(b) 线性电阻

图 2-2　电阻的伏安特性　　　　　　图 2-3　满足关联参考方向

电阻的单位为欧姆，用希腊字母 Ω 表示。当电阻两端的电压为 1 V，通过的电流为 1 A 时，该电阻的阻值为 1 Ω。

电阻还可用另一个参数表示——电导，它定义为电阻的倒数，表示电流通过的能力，用符

号 G 表示

$$G=\frac{1}{R} \tag{2-2}$$

电导的单位为西门子,用字母 S 表示。

电阻的取值有两种特殊情况:一种是电阻值为 0,这种状态称为短路,电阻相当于一根导线。这时流过电阻的元件的电流不管取何值,其两端的电压总为 0。另一种是电阻值为 I,这种状态称为开路。这时无论加在电阻两端的电压为何值,流过电阻的电流值总为 0。

2.2　串联和并联电阻电路的等效变换

2.2.1　电阻的串联及仿真

1. 电阻的串联原理分析

如果电路中的电阻排成一串,流过同一电流,则这样的连接方式称为电阻的串联。如图 2-4 所示为 n 个电阻的串联。

由于图 2-4 中电压与电流为关联参考方向,由欧姆定律可得:

$$u_1=R_1i,u_2=R_2i,\cdots,u_n=R_ni \tag{2-3}$$

由 KVL 可得:

$$u=u_1+\cdots+u_n=(R_1+\cdots+R_n)i=R_{eq}i \tag{2-4}$$

其中

$$R_{eq}=R_1+\cdots+R_n \tag{2-5}$$

称为 n 个串联电阻的等效电阻。则可以将图 2-4 等效为图 2-5。

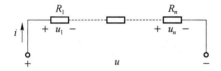

图 2-4　电阻的串联　　　　　　图 2-5　串联电阻电路的等效

由式 2-5 可知,串联电阻的等效电阻为各个电阻的和。

当电阻串联时,各电阻上的电压为:

$$u_k=R_ki=\frac{R_k}{R_{eq}}u \tag{2-6}$$

式 2-6 称为分压公式。可见,串联电阻进行分压,电压的大小与其阻值在总阻值中的比例有关。

2. 电阻串联例题及其仿真

(1)例题解析

例 2-1　指出图 2-6 所示电路中 A、B、C 三点的电位。

解: C 点的电位为:

$$\varphi_C=0 \text{ V}$$

A 点的电位为:

$$\varphi_A=u_{AC}=6 \text{ V}$$

由于两个电阻的阻值相同,由分压公式可得,B 点的电位为:

$$\varphi_B = 3 \text{ V}$$

（2）例题仿真

图 2-7 所示为例 2-1 电路的 EWB 仿真电路。

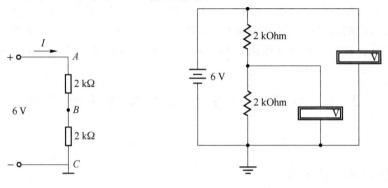

图 2-6　例 2-1 电路　　　　　　图 2-7　例 2-1 的仿真电路图

为验证例 2-1 的计算结果,仿真电路对 AC 之间和 BC 之间的电压进行了测量。其仿真结果如图 2-8 所示。

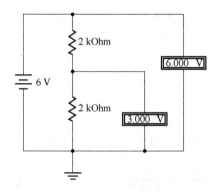

图 2-8　例 2-1 的仿真结果

2.2.2　电阻的并联及仿真

1. 电阻的并联原理分析

两个或两个以上电阻的首尾两端分别连接在相同的节点上,承受相同的电压,则这种连接方式称为电阻的并联,如图 2-9 所示。

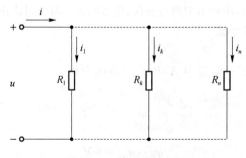

图 2-9　多个电阻并联时的电路图

由于图 2-9 中电压与电流为关联参考方向，由欧姆定律可得：

$$i_1 = G_1 u, i_2 = G_2 u, \cdots, i_n = G_n u \tag{2-7}$$

由 KCL 可得：

$$i = i_1 + \cdots + i_n = (G_1 + \cdots + G_n) u = G_{eq} u \tag{2-8}$$

其中

$$G_{eq} = G_1 + \cdots + G_n \tag{2-9}$$

称为 n 个串联电阻的等效电导。由电阻和电导的关系，可得出等效电阻为：

$$R_{eq} = \frac{1}{G_{eq}} = \frac{1}{\dfrac{1}{R_1} + \cdots + \dfrac{1}{R_n}} = \frac{R_1 \cdots R_n}{R_1 + \cdots + R_n} \tag{2-10}$$

则和电阻串联电路一样，电阻并联电路也可等效为图 2-10。

由式 2-9 可知，并联电阻电路的等效电导为各个电导的和。

当电阻并联时，各电阻上的电流为：

$$i_k = G_k i = \frac{G_k}{G_{eq}} i \tag{2-11}$$

可以看到，当多个电阻并联时，具有分流作用，流过每个电阻的电流和其电导在等效电导中的比例有关。式 2-11 称为分流公式。

2. 电阻并联例题及其仿真

（1）例题解析

例 2-2　如图 2-11 所示，以知 $u_S = 100$ V，$R_1 = 2$ kΩ，$R_2 = 6$ kΩ。若：（1）$R_3 = 6$ kΩ；（2）$R_3 = \infty$（R_3 处开路）；（3）$R_3 = 0$（R_3 处短路）。试求以上 3 种情况下电压 u_2 和电流 i_2、i_3。

图 2-10　并联电阻电路的等效

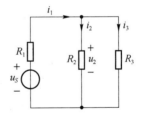

图 2-11　例 2-2 图

解:（1）由于 R_2 和 R_3 并联，则其等效电阻为

$$R = \frac{R_2 R_3}{R_2 + R_3} = \frac{36}{12} = 3 \ \Omega$$

总电流

$$i_1 = \frac{u_S}{R_1 + R} = \frac{100}{2 + 3} = 20 \ \text{mA}$$

分流有

$$i_2 = i_3 = \frac{i_1}{2} = 10 \ \text{mA}$$

$$u_2 = R_2 i_2 = 6 \times 10 = 60 \ \text{V}$$

（2）当 $R_3 = \infty$，有 $i_3 = 0$

$$i_2 = \frac{u_S}{R_1 + R_2} = \frac{100}{2+6} = 12.5 \text{ mA}$$

$$u_2 = R_2 i_2 = 6 \times 12.5 = 75 \text{ V}$$

（3）$R_3 = 0$，有 $i_2 = 0, u_2 = 0$

$$i_3 = \frac{u_S}{R_1} = \frac{100}{2} = 50 \text{ mA}$$

（2）例题仿真

例 2-3 R_3 的三种情况对应的 EWB 仿真电路如图 2-12(a)、图 2-12(b)、图 2-12(c)所示。

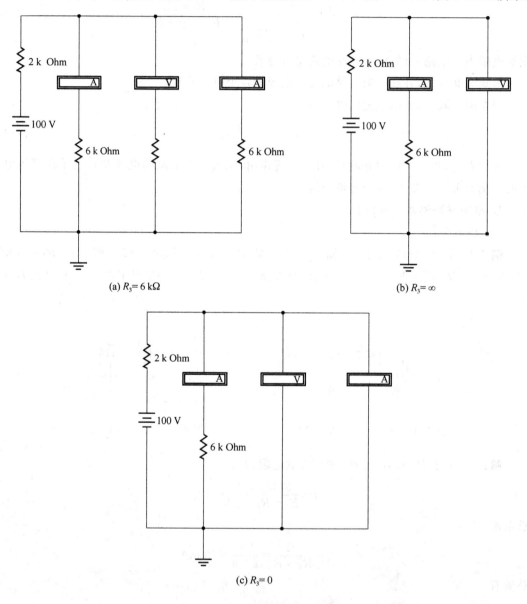

图 2-12　例 2-3 的仿真电路图

图 2-12 所示仿真电路的仿真结果如图 2-13 所示。

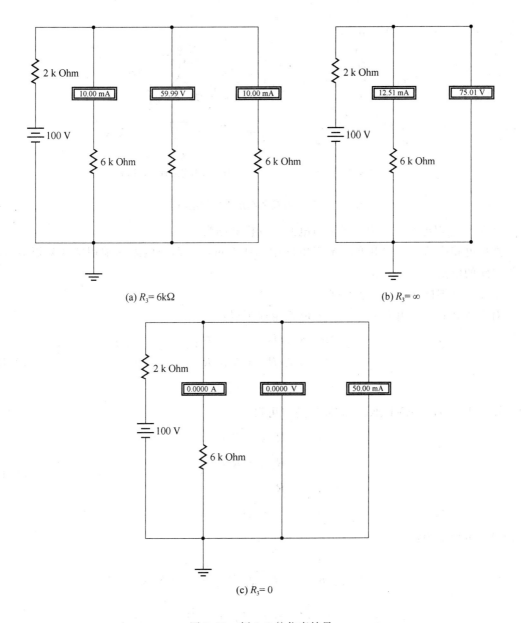

图 2-13　例 2-3 的仿真结果

2.3　Y 形连接和△形连接的电阻电路的等效变换

1. 等效原理分析

　　Y 形和△形电路间的等效变换在某些特定三端情形中是十分有用的。如图 2-14(a)所示，三个电阻的一端都连在一起，另一端分别接在外部的三个节点上，这种连接方式称为 Y 形连接(或星形连接)。如图 2-14(b)所示，三个电阻首尾相接构成一个封闭的电路，连接点接到外部的三个节点上，这种连接方式称为△形连接(或三角形连接)。

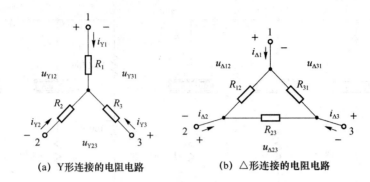

(a) Y 形连接的电阻电路   (b) △形连接的电阻电路

图 2-14   Y 形连接和△形连接的电阻电路

将 Y 形电阻电路等效为△形电阻电路的变换规则为：

△形电路中的每个电阻等于 Y 形电路中的所有可能的两个电阻的乘积的和除以对应的 Y 形电路的电阻。

下面来详细推导这一变换原则：

对于图 2-14(a)，由 KVL、KCL 和欧姆定律可得：

$$\left.\begin{aligned} i_{\Delta 1} &= u_{\Delta 12}/R_{12} - u_{\Delta 31}/R_{31} \\ i_{\Delta 2} &= u_{\Delta 23}/R_{23} - u_{\Delta 12}/R_{12} \\ i_{\Delta 3} &= u_{\Delta 31}/R_{31} - u_{\Delta 23}/R_{23} \end{aligned}\right\} \tag{2-12}$$

对于图 2-14(b)，由 KVL、KCL 和欧姆定律可得：

$$\left.\begin{aligned} u_{Y12} &= R_1 i_{Y1} - R_2 i_{Y2} \\ u_{Y23} &= R_2 i_{Y2} - R_3 i_{Y3} \\ u_{Y31} &= R_3 i_{Y3} - R_1 i_{Y1} \\ i_{Y1} + i_{Y2} + i_{Y3} &= 0 \end{aligned}\right\} \tag{2-13}$$

式(2-13)可变形为：

$$\left.\begin{aligned} i_{Y1} &= \frac{u_{Y12}R_3}{R_1R_2+R_2R_3+R_3R_1} - \frac{u_{Y31}R_2}{R_1R_2+R_2R_3+R_3R_1} \\ i_{Y2} &= \frac{u_{Y23}R_1}{R_1R_2+R_2R_3+R_3R_1} - \frac{u_{Y12}R_3}{R_1R_2+R_2R_3+R_3R_1} \\ i_{Y3} &= \frac{u_{Y31}R_2}{R_1R_2+R_2R_3+R_3R_1} - \frac{u_{Y23}R_1}{R_1R_2+R_2R_3+R_3R_1} \end{aligned}\right\} \tag{2-14}$$

Y 形电阻电路和△形电阻电路等效的原则是它们的外部特性相同，则可得：

$$\left.\begin{aligned} R_{12} &= \frac{R_1R_2+R_2R_3+R_3R_1}{R_3} \\ R_{13} &= \frac{R_1R_2+R_2R_3+R_3R_1}{R_2} \\ R_{23} &= \frac{R_1R_2+R_2R_3+R_3R_1}{R_1} \end{aligned}\right\} \tag{2-15}$$

同理，可推导出：

$$R_1 = \frac{R_{12}R_{31}}{R_{12}+R_{23}+R_{31}}$$

$$R_2 = \frac{R_{23}R_{12}}{R_{12}+R_{23}+R_{31}}$$

$$R_3 = \frac{R_{31}R_{23}}{R_{12}+R_{23}+R_{31}}$$

$$(2\text{-}16)$$

即将△形电阻电路等效为 Y 形电阻电路的变换规则为:Y 形电路中的每个电阻等于△形电路中两个相邻电阻的乘积除以△形电路中电阻的和。

2. 例题及其仿真

(1) 例题解析

例 2-4 对图 2-15 所示电桥电路,应用 Y-△等效变换求:电压 U_{ab}。

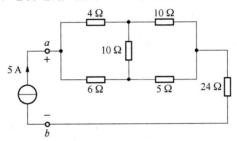

图 2-15　例 2-4 图

解:把(10 Ω,10 Ω,5 Ω)构成△形等效变换为 Y 形如图 2-16 所示,其中电阻值为:

$$R_1 = \frac{10\times10}{10+10+5} = 4 \ \Omega$$

$$R_2 = \frac{10\times5}{10+10+5} = 2 \ \Omega$$

$$R_3 = \frac{10\times5}{10+10+5} = 2 \ \Omega$$

由于

$$R_{ab} = \frac{(4+4)\times(6+2)}{(4+4)+(6+2)}+2+24 = 30 \ \Omega$$

所以

$$u_{ab} = 5\times R_{ab} = 150 \ \text{V}$$

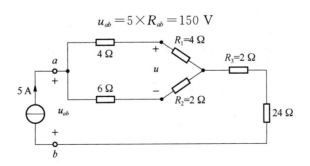

图 2-16　图 2-15 的等效图

(2) 例题仿真

图 2-15 所示电路的 EWB 仿真电路如图 2-17 所示。

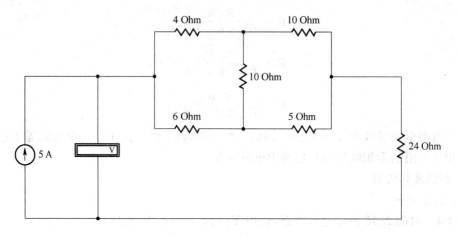

图 2-17　例 2-4 的仿真电路图

为验证例 2-3 的计算结果,仿真电路对电源的电压都进行了测量,如图 2-18 所示。

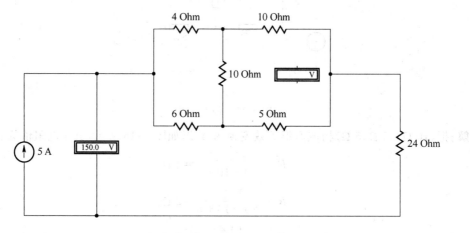

图 2-16　例 2-4 的仿真结果

2.4　输　入　电　阻

1. 原理分析

　　一个电路由很多元件组成,但其只有两个端口与外部电源或电路相连,则可以将这部分电路看作一个整体,称为二端网络,如图 2-19 所示。

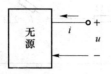

图 2-19　两端网络

　　从上端口流入的电流与从下端口流出的电流相等。如果该二端网络只含有电阻或受控源,没有独立电源,可以证明,无论内部如何复杂,端口电压和电流成正比,于是,将它们的比值

定义为输入电阻,即:

$$R_{\mathrm{in}}=\frac{u}{i} \tag{2-17}$$

　　求网络等效电阻的方法为外加电源法。在端口加一电压源,然后求端口电流。或者在端口加一电流源,求端口电压。如果网络中含有独立电源,则先电压源短路,电流源断路,再求输入电阻。其等效过程如图 2-20 所示。

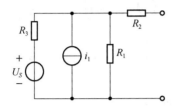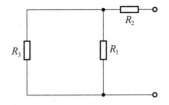

图 2-20　含有独立电源的网络的等效原理

2. 例题

例 2-5　求如图 2-21 所示二端网络的输入电阻。

解:a,b 端子间加电压源 u,并设电流 i 如图 2-22 所示。

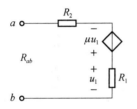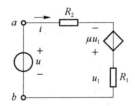

图 2-21　例 2-5 图　　　　　图 2-22　图 2-21 的等效电路图

有

$$u=R_2 i-\mu u_1+R_1 i=R_2 i-\mu(R_1 i)+R_1 i=(R_1+R_2-\mu R_1)i$$

故得 a,b 端的输入电阻

$$R_{ab}=\frac{u}{i}=R_1+R_2-\mu R_1$$

2.5　实际电源及其等效变换

1. 原理分析

　　第一章讲了理想的电压模型,实际的电源其端口的电压和电流并不是线性的关系。在一段范围内,电源两端的电压和电流关系近似为直线。根据此伏安特性,可以得到实际电源的两种模型:理想电压源和电阻串联或者理想电流源和电导并联,如图 2-23 所示。

　　对于图 2-23(a)可得:

$$u=u_S-R_i i\Rightarrow i=\frac{u_S}{R_i}-\frac{u}{R_i} \tag{2-18}$$

对于图 2-23(b)可得:

$$i=i_S+G_i u \tag{2-19}$$

对比式(2-18)和式(2-19),要使两者伏安关系相同,须满足:

$$i_S = \frac{u_S}{R_i}, \quad G_i = \frac{1}{R_i} \tag{2-20}$$

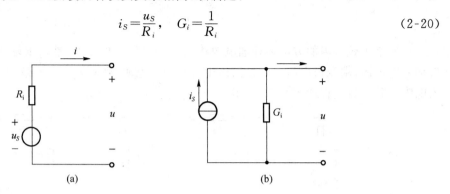

图 2-23　实际电源模型

2. 例题及其仿真

(1) 例题解析

例 2-6　利用电源的等效变换,求图 2-24 所示电路中的电流 i。

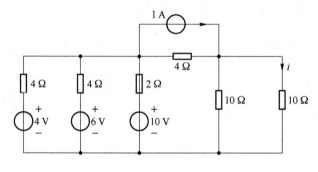

图 2-24　例 2-6 图

解:利用电源的等效变换,原电路可以等效为图 2-25(a),图 2-25(b),图 2-25(c),所以电流

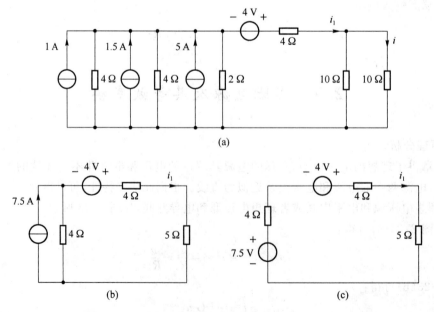

图 2-25　图 2-24 的等效图

$$i_1 = \frac{11.5}{10} = 1.15 \text{ A}$$

$$i = \frac{1}{2} i_1 = 0.575 \text{ A}$$

（2）例题仿真

图 2-24 所示电路的 EWB 仿真电路如图 2-26 所示。

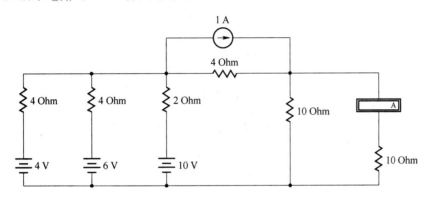

图 2-26 例 2-6 的仿真电路图

为验证例 2-6 的计算结果，仿真电路对最右边电阻的电流进行了测量，如图 2-27 所示。

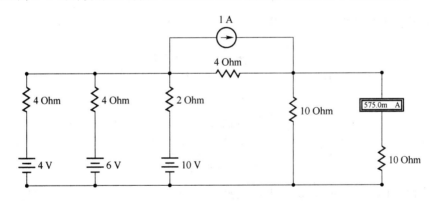

图 2-27 例 2-6 的仿真电路图

习　题　二

1.1 已知图 2-28 所示电路中的 $I_1 = 3 \text{ mA}$，求电压源的电压 U_S 和提供的功率。

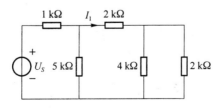

图 2-28 习题 1.1 图

1.2 试求图 2-29 所示各电路的等效电阻 R_{ab}（电路中的电阻单位均为欧姆）。

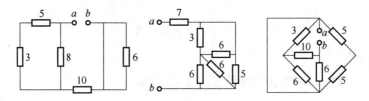

图 2-29 习题 1.2 图

1.3 如图 2-30 所示电路中全部电阻均为 1 Ω，求输入电阻 R_{in}。

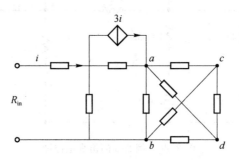

图 2-30 习题 1.3 图

1.4 试用电源模型的等效变换求图 2-31 所示电路中电流 I_1、I_2 并计算各电源的功率。

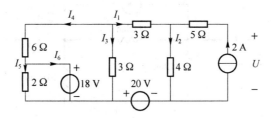

图 2-31 习题 1.4 图

1.5 电路如图 2-32 所示，试用电源模型等效变换方法求图 2-32(a) 中的电压 U 及图 2-32(b) 中的电流 I。

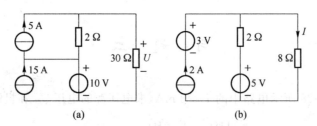

(a)   (b)

图 2-32 习题 1.5 图

习题二参考答案

1.1 $U_S = 15 \text{ V}, P = -0.075 \text{ W}$

1.2 (a)$R_{ab}=14\ \Omega$,(b) $R_{ab}=9.5\ \Omega$,(c) $R_{ab}=4\ \Omega$

1.3 $R_{in}=0.4\ \Omega$

1.4 $I_1=2\ A$,$I_2=4\ A$

1.5 $U=18.75\ V$,$I=0.9\ A$

1.6 $R_{ab}=4/3\ \Omega$

第3章　线性电阻电路的分析方法

由线性电阻和直流电源组成的电路叫直流线性电阻电路,本章将介绍直流线性电阻电路的分析方法。主要分析方法有两种:网络方程法、网络定理的应用。此外,还要介绍含有受控源的电路,上述两种方法不仅适用于直流线性电阻电路,以后还可以推广应用到交流线性电路的分析中去,因此本章是电路分析的基础。

3.1　电路的图

1. 网络图论

图论是拓扑学的一个分支,是富有趣味和应用极为广泛的一门学科。图论的概念由瑞士数学家欧拉最早提出,欧拉在 1736 年发表的论文《依据几何位置的解题方法》中应用图的方法讨论了哥尼斯堡七桥难题,如图 3-1(a)和图 3-1(b)所示。

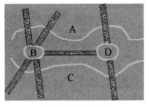

(a) 哥尼斯堡七桥　　　　　(b) 对应的图

图 3-1　哥尼斯堡七桥难题

19 世纪至 20 世纪,图论主要研究一些游戏问题和古老的难题,如哈密顿图及四色问题。1847 年,基尔霍夫首先用图论来分析电网络,如今在电工领域,图论被用于网络分析和综合、通信网络与开关网络的设计、集成电路布局及故障诊断、计算机结构设计及编译技术等。

2. 电路的图

电路的图是用以表示电路几何结构的图形,图中的支路和结点与电路的支路和结点一一对应,如图 3-2(a)所示,所以电路的图是点线的集合,如图 3-2(b)所示。通常将电压源与无源元件的串联、电流源与无源元件的并联作为复合支路用一条支路表示。如图 3-2(c)所示。

有向图——标定了支路方向(电流的方向)的图为有向图,如图 3-3 所示。

连通图——图 G 的任意两节点间至少有一条路径时称为连通图,如图 3-4 所示;非连通图至少存在两个分离部分,如图 3-5 所示。

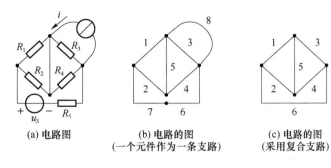

(a) 电路图　　(b) 电路的图　　　　(c) 电路的图
　　　　　　（一个元件作为一条支路）　（采用复合支路）

图 3-2　电路和电路的图

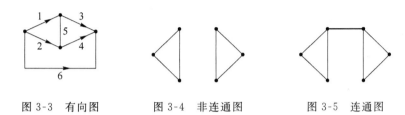

图 3-3　有向图　　　图 3-4　非连通图　　　图 3-5　连通图

子图——若图 G1 中所有支路和结点都是图 G 中的支路和结点,则称 G1 是图 G 的子图,如图 3-6 所示。

(a) 电路的图(G)　　　(b) G图的子图　　　(c) G图的子图

图 3-6　子图

树(T)——树(T)是连通图 G 的一个子图,且满足下列条件:
(1) 连通;(2) 包含图 G 中所有结点;(3) 不含闭合路径。
构成树的支路称树枝;属于图 G 而不属于树(T)的支路称连枝。如图 3-7 所示。

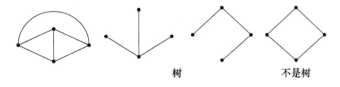

树　　　　　　不是树

图 3-7　电路的图与树的定义

需要指出的是:
1) 对应一个图有很多的树;
2) 树枝的数目是一定的,为结点数减一:bt=(n−1);
3) 连枝数为:bl=b−bt=b−(n−1)。
回路——回路 L 是连通图 G 的一个子图,构成一条闭合路径,并满足条件:
(1) 连通;(2) 每个节点关联 2 条支路。
需要指出的是:
1) 对应一个图有很多的回路;
2) 基本回路的数目是一定的,为连枝数;

3）对于平面电路,网孔数为基本回路数 $l=\mathrm{bl}=b-(n-1)$。

如图 3-8 所示。

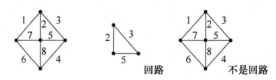

图 3-8　电路的图与回路定义

基本回路(单连支回路)——基本回路具有独占的一条连枝,即基本回路具有别的回路所没有的一条支路。如图 3-9 所示。

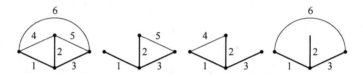

图 3-9　电路的图及其基本回路

结论:电路中结点、支路和基本回路关系为:支路数＝树枝数＋连枝数＝结点数－1＋基本回路数 $b=n+l-1$。

例 3-1　图 3-10 所示为电路的图,画出三种可能的树及其对应的基本回路。

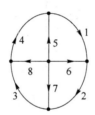

图 3-10　例 3-1 图

解:

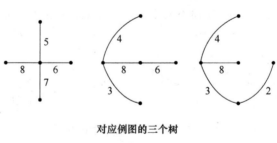

对应例图的三个树

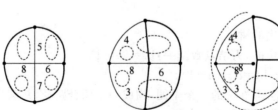

对应三个树的基本回路

3.2　KCL 和 KVL 的独立方程数

1. KCL 的独立方程数

对图 3-11 中所示电路的图列出 4 个结点上的 KCL 方程(设流出结点的电流为正,流入为负):

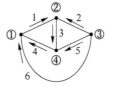

结点① $i_1 - i_4 - i_6 = 0$

结点② $-i_1 - i_2 + i_3 = 0$

结点③ $i_2 + i_5 + i_6 = 0$

结点④ $-i_3 + i_4 - i_5 = 0$

把以上 4 个方程相加,满足:①+②+③+④=0

图 3-11　KCL 独立方程数电路实例

结论:n 个结点的电路,独立的 KCL 方程为 $n-1$ 个,即求解电路问题时,只需选取 $n-1$ 个结点来列出 KCL 方程。

2. KVL 的独立方程数

根据基本回路的概念,可以证明:

KVL 的独立方程数＝基本回路数＝$b-(n-1)$

结论:n 个结点、b 条支路的电路,独立的 KCL 和 KVL 方程数为:

$$(n-1) + b-(n-1) = b$$

3.3　支路电流法

为了探讨电路普遍适用的求解方法,往往要求在不改变电路结构的情况下,找出求解的步骤,使之有规律可循。所谓支路电流法就是以支路电流为未知量,根据基尔霍夫两条定律,列出各支电路电流的方程式,从而解出支路电流的方法。

支路电流法求解电路的步骤如下。

(1) 选取各支路电流的参考方向,以各支路电流为未知量。

(2) 如电路中有个 n 节点,b 条支路,按 KCL 列出 $(n-1)$ 个独立的节点电流方程。

(3) 选取回路,并选定回路的绕行方向,按 KVL 列出 $b-(n-1)$ 个独立的回路电压方程。

(4) 联立求解所列的方程组,即可计算出各支路电流。

例 3-2　电路如图 3-12 所示,用支路电流法求各支路电流及电压 U 和两电压源的功率。

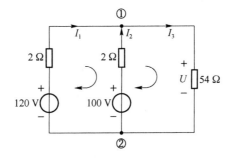

图 3-12　例 3-2 图

解：假定各支路电压、电流的参考方向及回路的绕行方向如图 3-12 所示。

对节点①列 KCL 方程：

$$-I_1-I_2+I_3=0$$

对两个网孔列 KVL 方程：

$$2I_1-2I_2+100-120=0$$
$$2I_2+54I_3-100=0$$

整理以上方程可得：

$$\begin{cases} -I_1-I_2+I_3=0 \\ 2I_1-2I_2=20 \\ 2I_2+54I_3=100 \end{cases}$$

解得

$$I_1=6\text{ A}, \quad I_2=-4\text{ A}, \quad I_3=2\text{ A}$$

因此

$$U=54I_3=54\times2\text{ V}=108\text{ V}$$

120 V 电压源的功率为 $P_1=-120I_1=-120\times6=-720\text{ W}$（发出）

100 V 电压源的功率为 $P_2=-100I_2=-100\times(-4)=400\text{ W}$（吸收）

例 3-3 如图 3-13 所示，$R_1=2\ \Omega$，$R_2=5\ \Omega$，$R_3=3\ \Omega$，$I_S=2\text{ A}$，$U_S=11\text{ V}$，试求各支路电流。

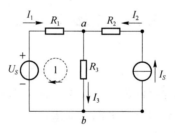

图 3-13 例 3-3 图

解：该电路有两个节点，三条支路，支路电流的参考方向及回路的绕行方向如图 3-13 所示。

对节点 a 列 KCL 方程

$$-I_1-I_2+I_3=0$$

对于回路 1，列 KVL 方程

$$I_1R_1+I_3R_3-U_S=0$$

由于右边支路含有电流源，故

$$I_2=I_S=2\text{ A}$$

代入已知数据，得

$$\begin{cases} -I_1+I_3=2\text{ A} \\ 2I_1+3I_3=11 \end{cases}$$

解得

$$I_1=1A,\ I_3=3\text{ A}$$

　　注意:若列回路电压方程时有电流源,可设电流源的电压为未知量,同时补充一个方程,即电流源所在支路的电流等于电流源的电流。

　　支路电流法原则上对任何电路都是适用的,所以是求解电路的一般方法。

3.4　网孔电流法

　　对于图 3-14(a)所示的电路,其有向图如图 3-14(b)所示,选支路(2、3、4)为树枝,其余为连枝。该电路有 3 个网孔,以假想的 3 个网孔电流 I_{m_1}、I_{m_2}、I_{m_3} 代替支路电流作为过渡待求量。网孔电流与支路电路的关系为:$I_{m_1}=I_1$,$I_{m_2}=I_5$,$I_{m_3}=I_6$,$I_2=I_5-I_1=I_{m_2}-I_{m_1}$,$I_3=I_6-I_1=I_{m_3}-I_{m_1}$,$I_4=I_5-I_6=I_{m_2}-I_{m_3}$,网孔电流就是三个连枝电流,树枝电流就是网孔电流在该树枝上的代数和。对于 3 个独立的网孔可以列 KVL 方程如下:

$$\left.\begin{array}{ll}\text{网孔 1} & u_1-u_2-u_3=0\\ \text{网孔 2} & u_2+u_4+u_5=0\\ \text{网孔 3} & u_3-u_4+u_6=0\end{array}\right\} \tag{3-1}$$

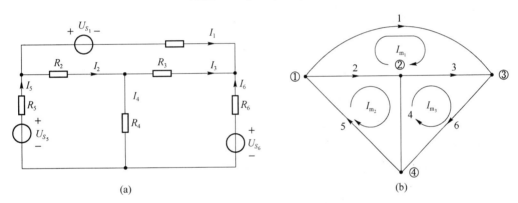

图 3-14　网孔电流法

回到图 3-14(a)所示的电路中,代入支路电压与电流、电阻以及电压源的关系,有

$$\left.\begin{array}{l}R_1 I_1-R_2 I_2-R_3 I_3=-U_{S_1}\\ R_2 I_2+R_4 I_4+R_5 I_5=U_{S_5}\\ R_3 I_3-R_4 I_4+R_6 I_6=U_{S_6}\end{array}\right\} \tag{3-2}$$

再用网孔电流代替式(3-2)中的支路电流,得

$$\left.\begin{array}{l}R_1 I_{m_1}-R_2(I_{m_2}-I_{m_1})-R_3(I_{m_3}-I_{m_1})=-U_{S_1}\\ R_2(I_{m_2}-I_{m_1})+R_4(I_{m_2}-I_{m_3})+R_5 I_{m_2}=U_{S_5}\\ R_3(I_{m_3}-I_{m_1})-R_4(I_{m_2}-I_{m_3})+R_6 I_{m_3}=U_{S_6}\end{array}\right\} \tag{3-3}$$

　　把以上方程整理如下

$$\left.\begin{array}{l}(R_1+R_2+R_3)I_{m_1}-R_2 I_{m_2}-R_3 I_{m_3}=-U_{S_1}\\ -R_2 I_{m_1}+(R_2+R_4+R_5)I_{m_2}-R_4 I_{m_3}=U_{S_5}\\ -R_3 I_{m_1}-R_4 I_{m_2}+(R_3+R_4+R_6)I_{m_3}=U_{S_6}\end{array}\right\} \tag{3-4}$$

这就是具有 3 个网孔电路的网孔电流与网孔电阻及电源关系的 KVL 方程。在此方程中,设

$R_{11}=R_1+R_2+R_3$ 为网孔 1 的自电阻,也就是网孔 1 各支路电阻的总和;

$R_{22}=R_2+R_4+R_5$ 为网孔 2 的自电阻,也就是网孔 2 各支路电阻的总和;

$R_{33}=R_3+R_4+R_6$ 为网孔 3 的自电阻,也就是网孔 3 各支路电阻的总和。

$R_{12}=R_{21}=-R_2$ 为网孔 1、2(或网孔 2、1)之间的互电阻,也就是网孔 1、2 之间的公共电阻,当两个网孔电流在该电阻上的方向不一致时,它为负值,反之为正值;

$R_{13}=R_{31}=-R_4$ 为网孔 1、3(或网孔 3、1)之间的互电阻,也就是网孔 1、3 之间的公共电阻,当两个网孔电流在该电阻上的方向不一致时,它为负值,反之为正值;

$R_{23}=R_{32}=-R_4$ 为网孔 2、3(或网孔 3、2)之间的互电阻,也就是网孔 2、3 之间的公共电阻,当两个网孔电流在该电阻上的方向不一致时,它为负值,反之为正值。

$U_{S_{11}}=-U_{S_1}$ 为网孔 1 电压源代数和,电压源的方向(由负极到正极)与网孔电流绕行方向一致时取正号,反之取负号;

$U_{S_{22}}=U_{S_5}$ 为网孔 2 电压源代数和,其取正负号的原则与网孔 1 相同;

$U_{S_{33}}=U_{S_6}$ 为网孔 3 电压源代数和,其取正负号的原则也与网孔 1 相同。

式(3-4)的标准形式为

$$\left.\begin{array}{l} R_{11}I_{m_1}-R_{12}I_{m_2}-R_{13}I_{m_3}=U_{11} \\ R_{21}I_{m_1}+R_{22}I_{m_2}+R_{23}I_{m_3}=U_{S_{22}} \\ R_{21}I_{m_1}-R_{32}I_{m_2}+R_{33}I_{m_3}=U_{S_{33}} \end{array}\right\} \tag{3-5}$$

解式(3-5)即可求得网孔电流,再由网孔电流与支路电流的关系求得各支路电流,进而可求电路的其他物理量。

式(3-5)可以用矩阵形式来表示,有

$$\begin{pmatrix} R_{11} & R_{12} & R_{13} \\ R_{21} & R_{22} & R_{23} \\ R_{31} & R_{32} & R_{33} \end{pmatrix} \begin{pmatrix} I_{m_1} \\ I_{m_2} \\ I_{m_3} \end{pmatrix} \begin{pmatrix} U_{S_{11}} \\ U_{S_{22}} \\ U_{S_{33}} \end{pmatrix} \tag{3-6}$$

前面的分析可以推广到一般电路,对于具有 n 个节点,b 条支路的网络,其网孔电流数为 l(等于连支数),网孔电流方程用矩阵表示为式(3-7):

$$\begin{pmatrix} R_{11} & R_{12} & R_{13} \\ R_{21} & R_{22} & R_{23} \\ \vdots & \vdots & \vdots \\ R_{l_1} & R_{l_2} & R_{l} \end{pmatrix} \begin{pmatrix} I_{m_1} \\ I_{m_2} \\ \vdots \\ I_{m_l} \end{pmatrix} \begin{pmatrix} U_{S_{11}} \\ U_{S_{22}} \\ \vdots \\ U_{S_{ll}} \end{pmatrix} \tag{3-7}$$

3.5 回路电流法

回路电流法是以一组独立回路电流作为变量列写电路方程求解电路变量的方法。倘若选择基本回路作为独立回路,则回路电流即是各连枝电流。

如图 3-15 所示,已知 R_1,R_2,R_3,U_{S_1},U_{S_2},要求 I_1,I_2 和 I_3。这里仍然沿用介绍支路电流法的例题,现将运用回路电流法求解。首先选择 U_{S_2}、R_2 所在支路为树枝(用粗线条表示),如图选择各支路参考方程,以连枝电流 I_1,I_3 作为变量,那么树枝电流就可以用连枝电流表示,即:

$$I_2 = I_3 - I_1 \tag{3-8}$$

然后对两个独立回路列写 KVL 方程,即:

$$l_1: R_1 I_1 - R_2 I_2 = U_{S_1} - U_{S_2} \tag{3-9}$$

$$l_2: R_2 I_2 + R_3 I_3 = U_{S_2} \tag{3-10}$$

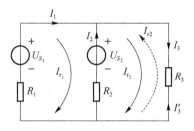

图 3-15

将式(3-8)代入式(3-9)与式(3-10),整理得到:

$$\begin{cases} (R_1 + R_2) I_1 - R_2 I_3 = U_{S_1} - U_{S_2} & \text{(3-11)} \\ (R_2 + R_3) I_3 - R_2 I_1 = U_{S_2} & \text{(3-12)} \end{cases}$$

$$I_1 = I_{l_1}; \quad I_3 = I_{l_2}; \quad I_2 = I_{l_2} - I_{l_1}$$

如果将图 3-7 中 I_3 的参考方向反一下变为 I_3',基本回路 l_1、l_2 的取向也反一下为 I_{l_2}',那么有:

$$\Rightarrow \begin{cases} I_2 = -I_1 - I_3' \\ R_1 I_1 - R_2 I_2 = U_{S_1} - U_{S_2} \\ -R_2 I_2 - R_3 I_3' = -U_{S_2} \end{cases} \quad \begin{cases} (R_1 + R_2) I_1 + R_2 I_3' = U_{S_1} - U_{S_2} & \text{(3-13)} \\ (R_2 + R_3) I_3' + R_2 I_1 = -U_{S_2} & \text{(3-14)} \end{cases}$$

归纳式(3-11)~式(3-14),可以得到运用回路电流法列写基本回路电流方程的一般式:

$$\begin{cases} R_{11} I_{l_1} + R_{12} I_{l_2} = \displaystyle\sum_{l_1} U_S & \text{(3-15)} \\ R_{21} I_{l_2} + R_{22} I_{l_2} = \displaystyle\sum_{l_2} U_S & \text{(3-16)} \end{cases}$$

在式(3-15)和式(3-16)中,R_{11} 称为 l_1 回路的自电阻,等于 l_2 回路中各电阻之和,恒为正;R_{22} 称为 l_1 回路的自电阻,等于 l_2 回路中各电阻之和,恒为正;R_{12}、R_{21} 称为 l_1、l_2 回路的互电阻,等于 l_1、l_2 两个回路的公共支路电阻。当 I_{l_1}、I_{l_2} 流经公共电阻时方向一致,互电阻为正,反之,互电阻为负。式(3-15)和式(3-16)中方程的右边是各个独立回路中各电压源电压的代数和。当各电压源电势与回路方向一致时,相应电压源电压取正;反之,取负。

当电路中含有电流源、受控源时,其处理方法与支路电流法相同,请看例 3-4。

例 3-4　如图 3-16 所示电路中,已知:$R_1 = 1\,\Omega$,$R_4 = 4\,\Omega$,$R_5 = 5\,\Omega$,$R_6 = 6\,\Omega$,$I_{S_2} = 2\,\text{A}$,$I_{S_3} = 3\,\text{A}$,$U_{S_4} = 4\,\text{V}$,试用回路电流法求各支路电流。

解:图 3-16 中含有两个电流源,电流源所在支路应尽可能放在连枝上,因而选 R_4、U_{S_4}、R_5、R_6 所在支路为树(用粗线条表示),如图选择各支路电流参考方向,画出 3 个基本回路,根据回路电流法,列出:

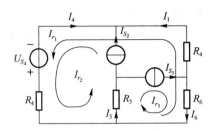

图 3-16 例 3-4 附图

$$l_1:(R_1+R_4+R_6)I_{l_1}+R_4I_{l_2}-R_6I_{l_3}=U_{S_4}, \quad l_2:I_{l_2}=I_{S_2}, \quad l_3:I_{l_3}=I_{S_3}$$

代入已知数据得到：

$$I_{l_1}=14/11\,\text{A}, \quad I_{l_2}=2\,\text{A}, \quad I_{l_3}=3\,\text{A}$$

$$I_1=I_{l_1}=14/11\,\text{A} \quad I_2=I_{l_2}=2\,\text{A}, I_3=I_{l_3}=3\,\text{A}$$

$$I_4=I_1+I_2=36/11\,\text{A}, \quad I_5=I_2+I_3=5\,\text{A}, \quad I_6=I_3-I_1=19/11\,\text{A}$$

例 3-5 如图 3-17 所示,已知:$R_1=R_3=R_4=R_6=2\,\Omega$,$I_{S_2}=1\,\text{A}$,$g=0.5\,\text{S}$,$U_{S_4}=U_{S_6}=2\,\text{V}$,求各支路电流。

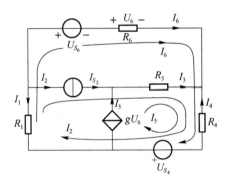

图 3-17 例 3-5 附图

解:如图选择各支路电流参考方向,选择 R_1、R_4、U_{S_4}、R_3 所在支路为树枝(用粗线条表示),画出三个基本回路,有：

$$\begin{cases} I_2=I_{S_2} \\ I_5=gU_6 \\ (R_1+R_4+R_6)I_6+(R_1+R_4)I_2R_4I_5=U_{S_4}-U_{S_6} \end{cases}$$

附加方程:$U_6=R_6I_6$,代入已知数据求解得到：

$$I_2=1\,\text{A}, \quad I_6=-0.5\,\text{A}, \quad I_5=-0.5\,\text{A}$$

$$I_2=-I_2-I_6=-0.5\,\text{A}, \quad I_4=-I_6-I_2-I_5=0\,\text{A}, \quad I_3=-I_4-I_6=0.5\,\text{A}$$

3.6 节点电位法

节点电位法是在电路中先选定一个参考点,再以其余各点为未知量,应用 KCL 列出($n-1$)个节点电流方程,而后联立求解,得出各节点电位,进而求得各支路电流。现以图 3-18 为例来说明节点电位法。

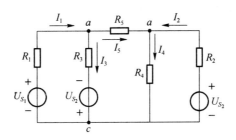

图 3-18   节点电位法电路实例

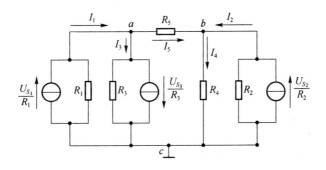

图 3-19   图 3-18 的等效电路

由图 3-18 可看出,电路中共有 3 个节点,为了更能说明问题,先将图 3-18 等效变换为图 3-19,选定 C 为参考点,则 a、b 两个独立节点的电位分别为 U_a、U_b,对节点 a、b 分别列写 KCL 方程有:

节点 a:

$$\frac{U_a}{R_1}+\frac{U_a}{R_3}+\frac{U_a-U_b}{R_5}=\frac{U_{S_1}}{R_1}-\frac{U_{S_3}}{R_3}$$

节点 b:

$$\frac{U_b}{R_2}+\frac{U_b}{R_4}+\frac{U_b-U_a}{R_5}=\frac{U_{S_2}}{R_2}$$

经整理得:

$$(G_1+G_3+G_5)U_a-G_5U_b=G_1U_{S_1}-G_3U_{S_3}$$
$$-G_5U_a+(G_2+G_4+G_5)U_b=G_2U_{S_2}$$

注意: 上式中,当电流源的电流方向指向相应节点时取正号,反之则取负号(若是电压源与电阻相串联的支路,电压源的正极在靠近该节点的一侧时取正号,反之取负号)。

现将节点电位法的解题步骤归纳如下。

(1) 选定参考点,用"⊥"符号标注,一般选汇集支路多的节点或网络的接地点。

(2) 以节点电位为未知量,用 KCL 列写节点电流方程。

(3) 联立求解各方程组,得出各节点电位。

(4) 根据各支路电流的参考方向和 KCL,由节点电位求出各支路电流及其他待求量。

例 3-6　如图 3-20 所示,各支路电流的参考方向已经选定,设电路中所有的电源和电阻参数均已知,试用节点电位法分析求解各支路电流。

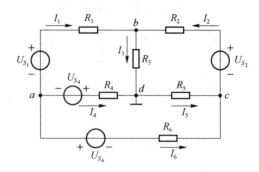

图 3-20　例 3-6 图

解:以 d 点为参考点,用 KCL 列出 a、b、c 三个节点的电流方程式为:

节点 a

$$\left(\frac{1}{R_1}+\frac{1}{R_4}+\frac{1}{R_6}\right)U_a-\frac{1}{R_1}U_b-\frac{1}{R_6}U_C=-\frac{U_{S_1}}{R_1}-\frac{U_{S_4}}{R_4}+\frac{U_{S_6}}{R_6}$$

节点 b

$$-\frac{1}{R_1}U_a+\left(\frac{1}{R_1}+\frac{1}{R_2}+\frac{1}{R_3}\right)U_b-\frac{1}{R_2}U_C=\frac{U_{S_1}}{R_1}+\frac{U_{S_2}}{R_2}$$

节点 c

$$-\frac{1}{R_6}U_a-\frac{1}{R_2}U_b+\left(\frac{1}{R_2}+\frac{1}{R_5}+\frac{1}{R_6}\right)U_C=-\frac{U_{S_2}}{R_2}-\frac{U_{S_6}}{R_6}$$

联立方程,解得各节点电位后,可得:

$$I_1=\frac{U_{S_1}+(U_a-U_b)}{R_1},\qquad I_3=\frac{U_b}{R_3}\quad I_5=-\frac{U_C}{R_5}$$

再应用 KCL 进而可得:

$$I_2=I_3-I_1\qquad I_6=I_2-I_5\qquad I_4=-I_1-I_6$$

在复杂电路的计算中,有时会碰到这样的电路,其支路较多而节点很少,如图 3-21 所示,对于这样的电路,用节点电压法计算较为方便。

可以把图 3-21 改成图 3-22,这个电路具有两个节点 A 和 B,两个节点间的电压称为节点电压,节点电压法是以节点电压为未知量,先求出节点电压,再根据含源电路欧姆定律求出各支路电流。

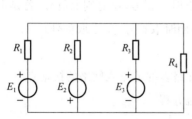

图 3-21　节点电压法电路实例

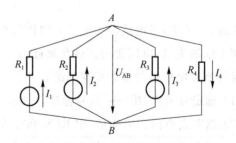

图 3-22　图 3-21 等效电路

下面以图 3-22 为例来推导节点电压法求解的公式。各电动势、支路电流的方向如图 3-22所示。根据含源电路欧姆定律,各支路电流分别为:

$$I_1 = \frac{E_1 - U_{AB}}{R_1} \qquad I_2 = \frac{-E_2 - U_{AB}}{R_2} \qquad I_3 = \frac{E_3 - U_{AB}}{R_3} \qquad I_4 = \frac{U_{AB}}{R_4}$$

根据基尔霍夫第一定律,A 节点的电流方程为:

$$I_1 + I_2 + I_3 - I_4 = 0$$

将各支路电流代入上式得:

$$\frac{E_1 - U_{AB}}{R_1} + \frac{-E_2 - U_{AB}}{R_2} + \frac{E_3 - U_{AB}}{R_3} - \frac{U_{AB}}{R_4} = 0$$

经整理,可得下式:

$$U_{AB} = \left(\frac{E_1}{R_1} - \frac{E_2}{R_2} + \frac{E_3}{R_3} \right) \Big/ \left(\frac{1}{R_1} + \frac{1}{R_2} + \frac{1}{R_3} + \frac{1}{R_4} \right)$$

写成一般形式为:

$$U_{AB} = \frac{\sum (E/R)}{\sum (1/R)} \qquad\qquad (3-17)$$

上式(3-17)中,分母各项的符号都是正的,分子各项的符号按以下原则确定:凡电动势的方向指向 A 节点时取正,反之取负。上式也叫弥尔曼定理。

用节点电压法解题的步骤如下:

(1) 选定参考点和节点电压的方向;

(2) 求出节点电压;

(3) 根据含源支路欧姆定律求出各支路电流;

(4) 它只适用于两个节点的复杂电路。

习　题　三

3.1　如图 3-23 所示,各支路电流的参考方向已经选定,试用支路电流法求各支路电流。

3.2　如图 3-24 所示,试用支路电流法求各支路电流。

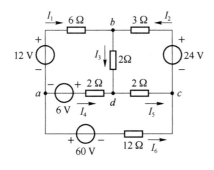

图 3-23　习题 3.1 图

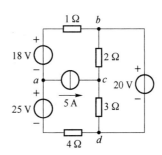

图 3-24　习题 3.2 图

3.3　在利用 KCL 方程求解其支路电流时,若改变接在同一节点所有其他已知电流的参考方向,则求得结果有无差别?

3.4 在列写 KVL 方程时,是否每一次一定要包含一条新支路才能保证方程的独立性?

3.5 试用节点电位法求图 3-25 电路中各支路的电流。

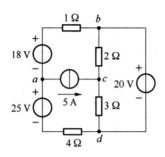

图 3-25 习题 3.5 图

第4章 电路定理

4.1 叠加定理及仿真

4.1.1 叠加定理

在一个具有多个独立电源的电路中,如果要求解电路电压或电流值,一种方法是用第 3 章已经学过的节点法或网孔法,另一种方法是逐个计算各个独立电源对所求量的贡献,然后予以相加,得到最终结果,后一种方法称之为叠加定理。

由线性元件和独立电源组成的电路称为线性电路。线性电路的基本性质是线性性质,线性是指齐次性(均匀性或比例性)和相加性的组合。叠加定理是线性函数的可加性在线性电路中的体现。

1. 叠加定理说明示例

先讨论图 4-1 所示电路中电流 i_2 与电压 u_1 的计算问题,通过示例,便于理解叠加定理的内容和特点。

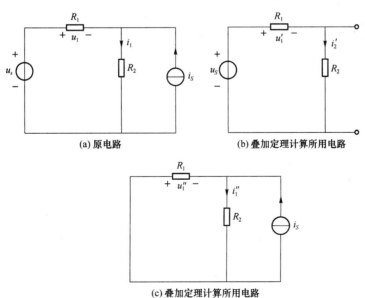

图 4-1　用于说明叠加定理的电路

在图 4-1(a)所示电路中有两个独立电源（激励），现在要求解电路中的响应：电流 i_2 与电压 u_1。根据 KCL 和 KVL 可得：$u_S = R_1(i_2 - i_S) + R_2 i_2$，解得 i_2，再求得 u_1，有：

$$\left. \begin{array}{l} i_2 = \dfrac{u_S}{R_1 + R_2} + \dfrac{R_1 i_S}{R_1 + R_2} \\[3mm] u_1 = \dfrac{R_1 u_S}{R_1 + R_2} - \dfrac{R_1 R_2 i_S}{R_1 + R_2} \end{array} \right\} \tag{4-1}$$

从式 4-1 中可知，i_2、u_1 都是由两部分构成，第一部分只与 u_S 有关，第二部分只与 i_S 有关，这两部分又相互独立，因此可以认为 i_2、u_1 中的两部分分别是激励 u_S 单独作用（电流源 i_S 置零）与激励 i_S 单独作用（电压源 u_S 置零）时产生的响应。激励 u_S 与 i_S 分别单独作用时的电路如图 4-1(b) 和图 4-1(c) 所示。

从图 4-1(b) 中可求得：

$$i_2' = \frac{u_S}{R_1 + R_2}, \quad u' = \frac{R_1 u_S}{R_1 + R_2} \tag{4-2}$$

从图 4-1(c) 中可求得：

$$i_2'' = \frac{R_1 i_S}{R_1 + R_2}, \quad u'' = -\frac{R_1 R_2 i_S}{R_1 + R_2} \tag{4-3}$$

从式(4-1)、式(4-2)、式(4-3)可得：

$$\left. \begin{array}{l} i_2 = i_2' + i_2'' \\[2mm] u_1 = u_1' + u_1'' \end{array} \right\} \tag{4-4}$$

从式(4-4)不难看出，图 4-1(a) 中电路响应 i_2、u_1 确实等于激励 u_3 和 i_S 分别单独作用时在相应支路中引起的响应分量的叠加。

叠加定理具体可表述为：在任何一个具有唯一解的线性电路中，由所有独立电源共同激励在任一处所产生的响应（电压或电流），在各独立电源单独作用也有唯一解的条件下，等于各独立电源单独激励而其他独立电源置零（即其他独立电压源以短路代替，独立电流源以开路代替）时在该处所产生的响应分量（电压或电流）的代数和。

2. 叠加定理的证明

叠加定理可通过节点电压法或回路电流法进行证明。具体证明如下。

对于一个具有 b 条支路、n 个节点的线性电路，可以列写 n 个独立节点电压方程为

$$G_{11} u_1 + G_{12} u_2 + \cdots + G_{1n} u_n = i_{S_{11}}$$
$$G_{21} u_1 + G_{22} u_2 + \cdots + G_{2n} u_n = i_{S_{22}}$$
$$\vdots$$
$$G_{n1} u_1 + G_{n2} u_2 + \cdots + G_{nn} u_n = i_{S_{nn}} \tag{4-5}$$

各方程式中等号右侧为电路中激励的线性组合，等号左侧的 $u_k(k=1,2,\cdots,n)$ 为节点电压，系数 $G_{ij}(i=1,2,\cdots,n, j=1,2,\cdots,n)$ 是各节点的自导或互导且为常数。任一节点 k 的电压可表示为：

$$u_k = \frac{\Delta_{1k}}{\Delta} i_{S_{11}} + \frac{\Delta_{2k}}{\Delta} i_{S_{22}} + \cdots + \frac{\Delta_{nk}}{\Delta} i_{S_{nn}}, \quad k=1,2,\cdots,n \tag{4-6}$$

式 4-6 中，Δ 为式 4-5 的系数行列式，$\Delta_{jk}(j=1,2,\cdots,n, k=1,2,\cdots,n)$ 是 Δ 的第 j 行第 k 列的余子式，由于 $i_{S_{mm}}(m=1,2,\cdots,n)$ 是电路中激励的线性组合，$u_k(k=1,2,\cdots,n)$ 又是 $i_{S_{mm}}(m=1,2,\cdots,n)$ 的线性组合，所以电路中任一节点处电压 $u_k(k=1,2,\cdots,n)$ 为电路中激励的线性组合。假设电路中有 g 个电压源和 h 个电流源，则任一处的电压响应和电流响应可表示为：

$$u_f = k_{f1}u_{S_1} + k_{f2}u_{S_2} + \cdots + k_{fg}u_{sg} + K_{f1}i_{S_1} + K_{f2}i_{S_2} + \cdots + K_{fh}i_{sh} \\
= \sum_{m=1}^{g} k_{fm}u_{sm} + \sum_{m=1}^{b} K_{fm}i_{sm} \\
i_f = k'_{f1}u_{S_1} + k'_{f2}u_{S_2} + \cdots + k'_{fg}u_{sg} + K'_{f1}i_{S_1} + K'_{f2}i_{S_2} + \cdots + K'_{fh}i_{sh} \\
= \sum_{m=1}^{g} k'_{fm}u_{sm} + \sum_{m=1}^{b} K'_{fm}i_{sm} \tag{4-7}$$

应用叠加定理应注意如下事项：

（1）叠加定理只适用于具有唯一解的线性电路；

（2）含受控源的线性电路,因为受控电压源的电压和受控电流源的电流受电路结构和元件参数约束,所以在应用叠加定理时,受控源不要单独作用,而将其作为一般元件始终保留在电路中；

（3）取代数和时应以原电路的电压、电流的参考方向为准,即分电路中电压、电流的参考方向与原电路一致者取正,反之取负；

（4）叠加定理只适用于电压、电流的响应,功率响应一般不能叠加（功率为电压和电流的乘积,不是电源的一次函数）,只有在求出原电路的电压、电流之后,才可计算相应的功率。

应用叠加定理求解电路的三个步骤：

（1）画出原电路中各独立电源单独作用时的分电路。在各分电路中设定所需求解电压、电流响应的参考方向,它们可以与原电路电压、电流响应的参考方向相同,有时为计算方便,也可以不同。在分电路中,除置零的独立源外,所有元件的连接方式和参数均不能改变。

（2）求解各分电路中的电压、电流响应。

（3）以原电路中所求电压、电流响应的参考方向为准,将各分电路中的电压、电流响应取代数和。

提示：叠加定理不单单适用于电路分析,对因果关系是线性的其他许多领域都可以用。应用叠加定理时用短路取代电压源或用开路取代电流源,因而降低了电路的复杂程度,便于进行电路分析与计算,但是一个主要缺点是可能过程繁琐,尤其当电路中独立电源比较多的时候,需要分析计算多个分电路。

4.1.2　叠加定理的仿真

1. 例题解析

例 4-1　试用叠加定理求图 4-2(a)电路中的 I 及 9 Ω 电阻上的功率,并以 9 Ω 电阻上的功率为例说明功率不能叠加。

解　（1）2 A 电流源开路,3 V 电压源单独作用时的电路如图 4-2(b)所示,其响应分量

$$I' = \frac{3}{6+5+9} \text{ A} = 0.15 \text{ A}$$

3 V 电压源短路,2 A 电流源单独作用时的电路如图 4-2(c)所示,其响应分量

$$I'' = \frac{6}{6+5+9} \times 2 \text{ A} = 0.6 \text{ A}$$

运用叠加定理解得

$$I = I' + I'' = (0.15 + 0.6) \text{ A} = 0.75 \text{ A}$$

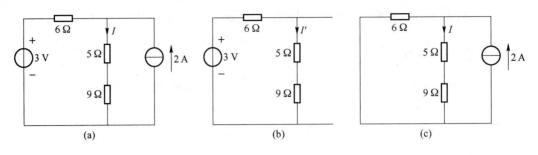

图 4-2 例 4-1 图

（2）$P'_{9\Omega}=I'2\times9=0.15^2\times9\ \text{W}=0.2025\ \text{W}$

$P''_{9\Omega}=I''2\times9=0.6^2\times9\ \text{W}=3.24\ \text{W}$

$P_{9\Omega}=I^2\times9=0.75^2\times9\ \text{W}=5.0625\ \text{W}\neq P'_{9\Omega}+P''_{9\Omega}$

例 4-2 试用叠加定理求图 4-3(a)电路中电阻 3Ω 两端电压 u。

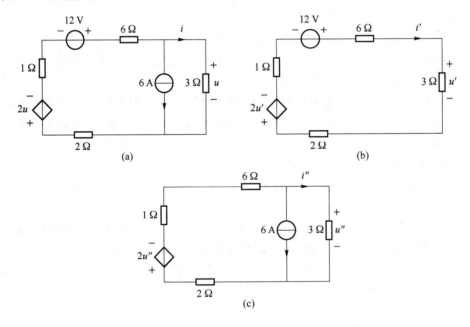

图 4-3 例 4-2 图

解 在应用叠加定理分析含有受控源的线性电路时,仅让各个独立源单独作用,受控源始终保持留在各个分电路中。

当 12 V 电压源单独作用时的电路如图 4-3(b)所示,由 KVL 可得

$$(1+2+3+6)i'+2u'-12=0$$

又

$$u'=3i'$$

解得

$$u'=2\ \text{V}$$

当 6 A 电流源单独作用时的电路如图 4-3(c)所示,由 KCL 可得

$$\frac{u''}{3}+\frac{u''-(-2u'')}{1+2+6}=-6$$

解得

$$u'' = -9 \text{ V}$$

运用叠加定理解得

$$u = u' + u'' = (2 - 9) \text{ V} = -7 \text{ V}$$

例 4-3　试用叠加定理求图 4-4(a)电路中的 i_0。

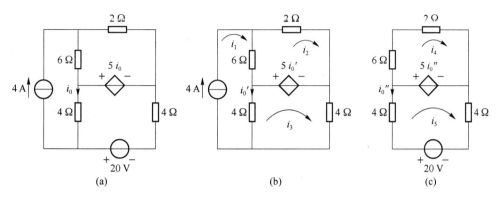

图 4-4　例 4-3 图

解　图 4-4(a)电路中有一个受控源,计算中保持不变,电流源单独作用时的电路如图 4-4(b)所示,采用网孔电流法。

对于回路 1:

$$i_1 = 4 \text{ A} \tag{4-8}$$

对于回路 2:

$$8i_2 - 6i_1 - 5i_0' = 0 \tag{4-9}$$

对于回路 3:

$$5i_0' + 8i_3 - 4i_1 = 0 \tag{4-10}$$

又有

$$i_0' + i_3 = i_1 \tag{4-11}$$

联立式(4-8)、式(4-9)、式(4-10)、式(4-11),解得

$$i_0' = \frac{16}{3} \text{ A} \tag{4-12}$$

电压源单独作用时的电路如图 4-4(c)所示,对回路 4 用 KVL 得:

$$8i_4 - 5i_0'' = 0 \tag{4-13}$$

对于回路 5:

$$8i_5 + 5i_0'' - 20 = 0 \tag{4-14}$$

又

$$i_5 = -i_0'' \tag{4-15}$$

联立式(4-13)、式(4-14)、式(4-15),解得

$$i_0'' = -\frac{20}{3} \text{ A} \tag{4-16}$$

联立式(4-12)、式(4-16),运用叠加定理解得

$$i_0 = i_0' + i_0'' = \left(\frac{16}{3} - \frac{20}{3} \right) \text{ A} = -\frac{4}{3} \text{ A}$$

例 4-4 试用叠加定理求图 4-5(a)电路中的 u。

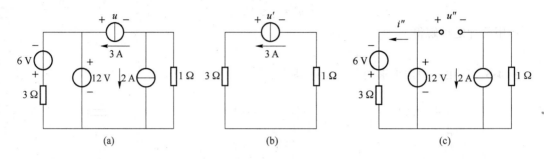

图 4-5 例 4-4 图

解 首先根据电路特点将电源分为两组,第一组为 3 A 电流源,3 A 电流源单独作用时的电路如图 4-5(b)所示。

$$u' = (3+1) \times 3 \text{ V} = 12 \text{ V}$$

第二组为 2 A 电流源、6 V 电压源和 12 V 电压源,第二组电源作用时的电路如图 4-5(c)所示。

$$i'' = \frac{12+6}{3} \text{ A} = 6 \text{ A}$$

$$u'' = (3i'' - 6 + 2 \times 1) \text{ V} = 14 \text{ V}$$

运用叠加定理解得

$$u = u' + u'' - (12+14) \text{ V} = 26 \text{ V}$$

例 4-5 在图 4-6 电路中,N 为仅含电阻的无源线性网络,已知当 $u_{S_1} = 4$ V,$u_{S_2} = 4$ V 时,$i = 8$ A;当 $u_{S_1} = 2$ V,$u_{S_2} = -2$ V 时,$i = 6$ A。求当 $u_{S_1} = u_{S_2} = 10$ V 时的 i。

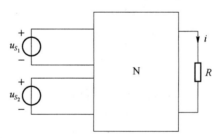

图 4-6 例 4-5 图

解 应用叠加定理可设

$$i = k_1 u_{S_1} + k_2 u_{S_2}$$

根据题目所给已知条件可得

$$4k_1 + 4k_2 = 8 \tag{4-17}$$

$$2k_1 - 2k_2 = 6 \tag{4-18}$$

联立式(4-17)、式(4-18),解得

$$k_1 = 2.5, \quad k_2 = -0.5$$

当 $u_{S_1} = u_{S_2} = 10$ V 时,可求得

$$i = 10k_1 + 10k_2 = (10 \times 2.5 - 10 \times 0.5) \text{ A} = 20 \text{ A}$$

2. 例题仿真

（1）例 4-1 的 EWB 仿真电路如图 4-7(a)、图 4-7(b)、图 4-7(c)所示，其中图 4-7(a)为 3 V 电压源单独作用时的仿真电路图，图 4-7(b)为 2 A 电流源单独作用时的仿真电路图，图 4-7(c)为两电源同时作用时的仿真电路图。

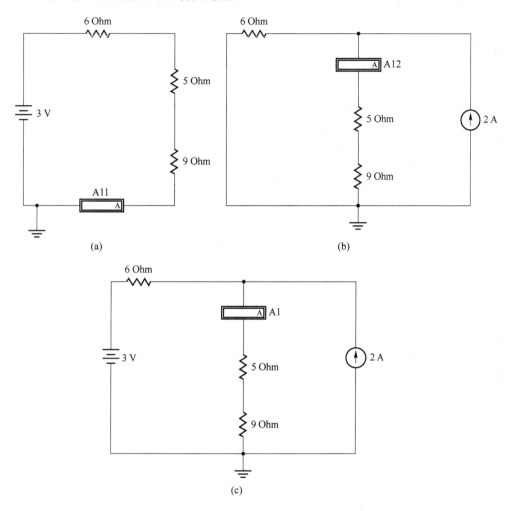

图 4-7   例 4-1 仿真电路图

从图 4-8(a)仿真结果可以看出，电流表 A11 显示的数值为 3 V 电压源作用时支路电流 I' 的读数，数值为 150 mA；从图 4-8(b)仿真结果可以看出，电流表 A12 显示的数值为 2 A 电流源作用时支路电流 I'' 的读数，数值为 600 mA；从图 4-8(c)仿真结果可以看出，电流表 A1 显示的数值为 3 V 电压源和 2 A 电流源共同作用时支路电流 I 的读数，数值为 750 mA，满足 $I = I' + I''$，从而验证了应用叠加定理求解结果的正确性。

（2）例 4-2 的 EWB 仿真电路如图 4-9(a)、(b)、(c)所示，其中图 4-9(a)为 12 V 电压源单独作用时的仿真电路图，图 4-9(b)为 6 A 电流源单独作用时的仿真电路图，图 4-9(c)为两电源同时作用时的仿真电路图。

从图 4-10(a)仿真结果可以看出，电压表 V11 显示的数值为 12 V 电压源作用时电阻两端电压 u' 的读数，数值为 2 V；从图 4-8(b)仿真结果可以看出，电压表 V12 显示的数值为 6 A 电流源作用时电阻两端电压 u'' 的读数, 数值为 -9 V; 从图 4-8(c)仿真结果可以看出, 电压表 V1 显示的数值为 12 V 电压源和 6 A 电流源共同作用时电阻两端电压 u 的读数, 数值为 -7 V, 满足 $u=u'+u''$, 从而验证了应用叠加定理求解结果的正确性。

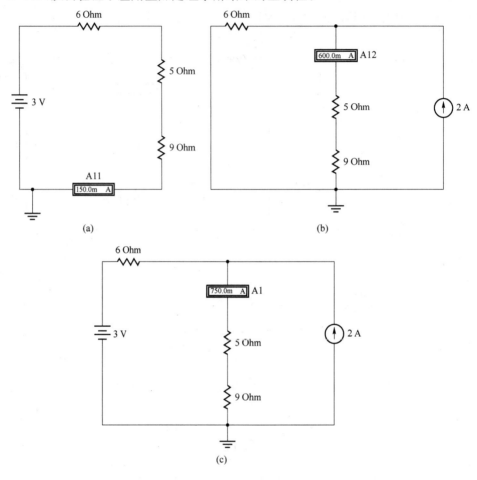

图 4-8　例 4-1 仿真结果

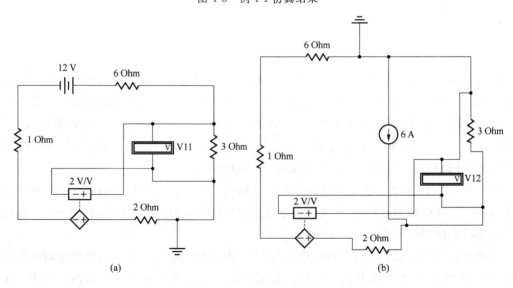

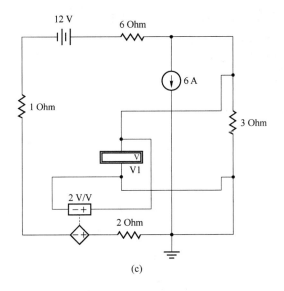

(c)

图 4-9 例 4-2 仿真电路图

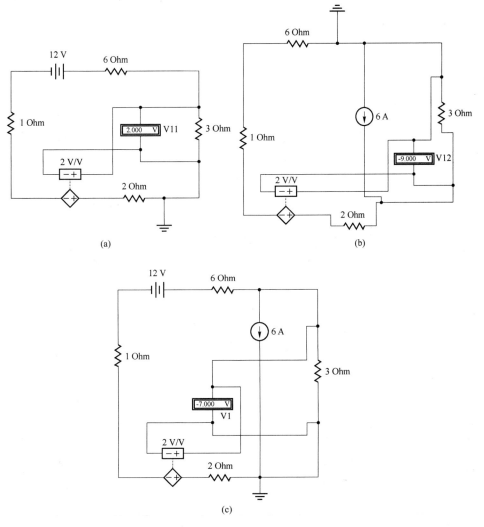

(a)   (b)

(c)

图 4-10 例 4-2 仿真结果

（3）例 4-3 的 EWB 仿真电路如图 4-11(a)、图 4-11(b)、图 4-11(c)所示,其中图 4-11(a)为 4 A 电流源单独作用时的仿真电路图,图 4-11(b)为 20 V 电压源单独作用时的仿真电路图,图 4-11(c)为两电源同时作用时的仿真电路图。

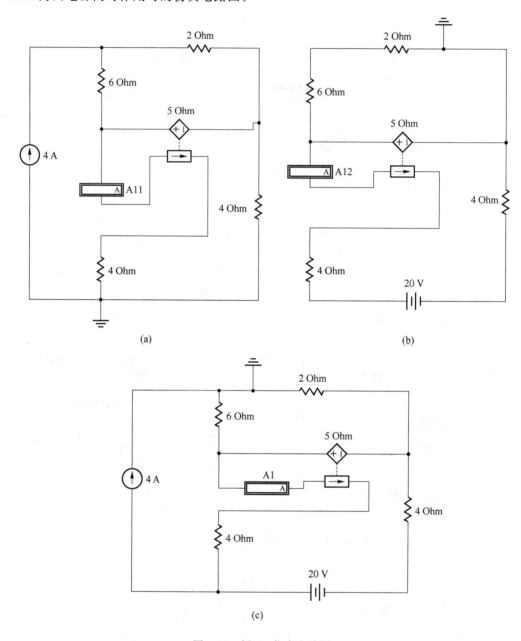

(a)   (b)

(c)

图 4-11　例 4-3 仿真电路图

从图 4-12(a)仿真结果可以看出,电流表 A11 显示的数值为 4 A 电流源作用时支路电流 i_0' 的读数,数值为 5.333 A;从图 4-8(b)仿真结果可以看出,电流表 A12 显示的数值为 20 V 电压源作用时支路电流 i_0'' 的读数,数值为 -6.667 A;从图 4-8(c)仿真结果可以看出,电流表 A1 显示的数值为 20 V 电压源和 4 A 电流源共同作用时支路电流 i_0 的读数,数值为 -1.333 A,满足 $i_0 = i_0' + i_0''$,从而验证了应用叠加定理求解结果的正确性。

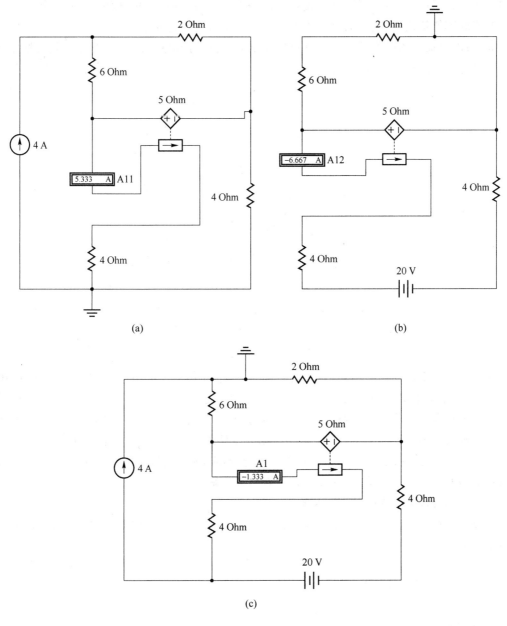

图 4-12 例 4-3 仿真结果

4.2 替代定理及仿真

4.2.1 替代定理

替代定理(Substitution Theorem)又称置换定理。其内容是在一个具有唯一解的任意电路中,若已知某支路 k 的电压为 u_k,电流为 i_k,无论该支路是由什么元件构成,只要该支路与电路的其他支路不存在耦合关系,则此支路可用一个 $u_S = u_k$ 的独立电压源,或用一个 $i_S = i_k$ 的独立电流源等值替代,替代后的电路中所有电压和电流均保持原值。

提示:以上提到的第 k 条支路元件可以是电阻、电压源和电阻的串联组合或电流源与电阻的并联组合,也可以是非线性元件。

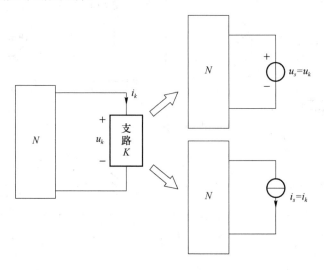

图 4-13 替代定理示例

现证明替代定理。在图 4-13 所示的电路中,N 表示第 k 支路外的电路的其余部分,用电压源 u_S 替代第 k 条支路,替代后的新电路与原电路的连接关系相同,因此两个电路有相同的 KCL 和 KVL 方程。除第 k 支路外,两个电路的全部支路约束关系也相同。新电路的第 k 支路的电压被约束为 $u_S = u_k$,即等于原电路的第 k 支路的电压,其支路电流则可以是任意的(电压源的特点)。电路在改变前后,各支路电压和电流都有唯一解,原电路的全部电压和电流又满足新电路的全部约束关系,因此也就是后者的唯一解。

用电流源替代第 k 支路的证明从略。

仅应用替代定理求解电路的情况比较少,常见的是用替代定理和其他定理相结合来求解电路中的响应。

4.2.2 替代定理的仿真

1. 例题解析

例 4-6 电路如图 4-14(a)所示,试求电压 u_1 和电流 i。

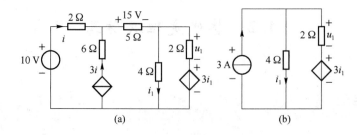

图 4-14 例 4-6 图

解 根据替代定理,可将 $5\,\Omega$ 电阻连同其左边电路部分用 $\dfrac{15}{5}\,\mathrm{A}=3\,\mathrm{A}$ 的电流源替代,如图4-14(b)所示。

应用 KVL 和 KCL 可得

$$4i_1 = u_1 + 3i_1 \qquad (4\text{-}19)$$

$$3 = i_1 + \frac{u_1}{4} \qquad (4\text{-}20)$$

联立式(4-19)、式(4-20),解得

$$i_1 = 2\,\mathrm{A}, u_1 = 2\,\mathrm{V}$$

再对图(a)应用 KVL 可得

$$-10 + 2i + 15 + 4i_1 = 0$$

解得

$$i_1 = -\frac{5}{6}\,\mathrm{A}$$

例 4-7 在图 4-15(a)所示电路中,$i_1 = 2\,\mathrm{A}$,$i_2 = 4\,\mathrm{A}$,$i_3 = 2\,\mathrm{A}$,$u_1 = 40\,\mathrm{V}$,$u_2 = 80\,\mathrm{V}$,$u_3 = 60\,\mathrm{V}$。图 4-15(b)为用 $u_S = u_2 = 80\,\mathrm{V}$ 的电压源替代第二条支路,图 4-15(c)为用 $i_S = i_2 = 4\,\mathrm{A}$ 的电流源替代第二条支路。求图 4-15(b)、图 4-15(c)各支路的电压和电流。

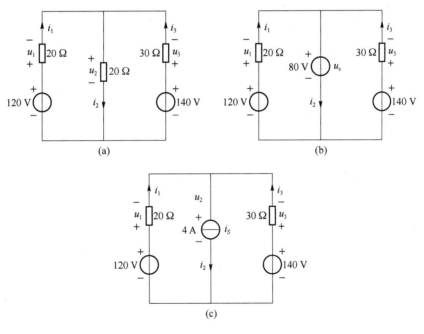

图 4-15 例 4-7 图

解 由图 4-15(b)易求出

$$u_1 = (120 - 80)\,\mathrm{V} = 40\,\mathrm{V}, \qquad i_1 = \frac{40}{20}\,\mathrm{A} = 2\,\mathrm{A}$$

$$u_3 = (140 - 80)\,\mathrm{V} = 60\,\mathrm{V}, \qquad i_3 = \frac{60}{30}\,\mathrm{A} = 2\,\mathrm{A}$$

$$i_2 = i_1 + i_3 = (2 + 2)\,\mathrm{A} = 4\,\mathrm{A}$$

从上述计算结果可以看出,图 4-15(a)中的第二条支路用 $u_S = u_2 = 80\,\mathrm{V}$ 的电压源替代后,新电路中各支路电压和电流保持原值不变。

由图 4-15(c)易求出

$$u_2 = \frac{\dfrac{120}{20} + \dfrac{140}{30} - 4}{\dfrac{1}{20} + \dfrac{1}{30}} \text{ V} = 80 \text{ V}$$

$$u_1 = 120 - u_2 = (120 - 80) \text{ V} = 40 \text{ V}$$

$$i_1 = \frac{u_1}{20} = \frac{40}{20} \text{ A} = 2 \text{ A}$$

$$u_3 = 140 - u_2 = (140 - 80) \text{ V} = 60 \text{ V}$$

$$i_3 = \frac{u_3}{30} = \frac{60}{30} \text{ A} = 2 \text{ A}$$

从上述计算结果可以看出,图 4-15(c)中的第二条支路用 $i_S = i_2 = 4$ A 的电流源替代后,新电路中各支路电压和电流保持原值不变。

例 4-8 试求图 4-16(a)电路在 $I = 2$ A 时,20 V 电压源发出的功率。

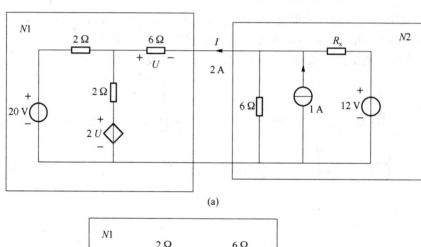

(a)

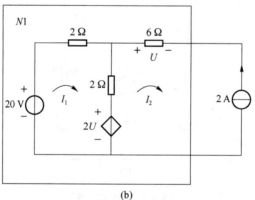

(b)

图 4-16 例 4-8 图

解 根据替代定理,用 2 A 电流源替代图 4-16(a)电路中的单口网络 N_2,替代后电路如图 4-16(b)所示,采用网孔电流法。

对于回路 1:

$$-20 + 2I_1 + 2U + 2(I_1 - I_2) = 0 \tag{4-21}$$

对于回路 2:

$$I_2 = -2 \text{ A} \tag{4-22}$$

联立式(4-21)、式(4-22),解得

$$I_1 = 10 \text{ A}$$

20 V 电压源发出的功率为

$$P = 20I_1 = 20 \times 10 \text{ W} = 200 \text{ W}$$

2. 例题仿真

例 4-7 的 EWB 仿真电路如图 4-17(a)、(b)、(c)所示,其中图 4-17(a)为用 $u_s = u_2 = 80$ V 电压源替代第二条支路时的仿真电路图,图 4-17(b)为 $i_s = i_2 = 4$ A 电流源替代第二条支路时的仿真电路图,图 4-17(c)为原电路仿真电路图。

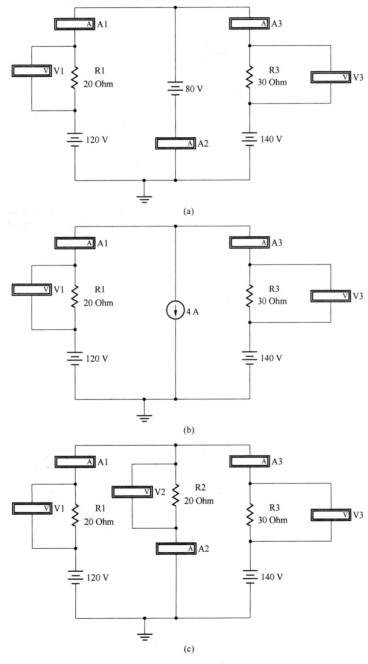

(a)

(b)

(c)

图 4-17 例 4-7 仿真电路图

从图 4-18 仿真结果可以看出,分别用 $u_S=u_2=80\,\text{V}$ 的电压源、$i_S=i_2=4\,\text{A}$ 的电流源替代第二条支路后,新电路中所有电压和电流均保持不变,从而验证了替代定理的正确性。

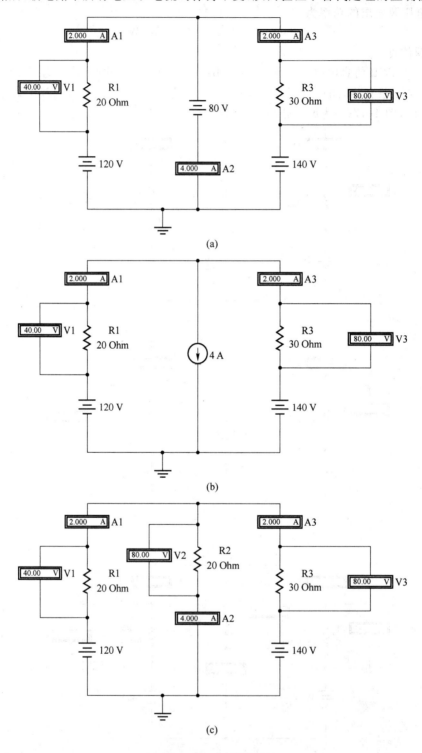

图 4-18 例 4-7 仿真结果

4.3 戴维南定理及仿真

4.3.1 戴维南定理

实际电路中经常会遇见这样的情况,需要求解的响应变量只是集中于电路的一条支路或是某一部分,它们又与电路的其他部分不存在耦合关系(受控源耦合或磁耦合),则对于电路中不含待求量的那部分含源单口电路可以用戴维南定理(Thevenin's Theorem)或诺顿定理(Norton's Theorem)对其进行等效,从而简化电路的分析计算。

戴维南定理的表述

戴维南定理是法国电报工程师 M. Leon Thevenin(1857—1926 年)于 1883 年提出的,具体内容为:一个线性含源单口电阻电路,〔如图 4-19(a)中的 N〕,对外电路而言,可以用一个独立电压源和一个线性电阻相串联的电路〔如图 4-19(b)〕等效代替,此独立电压源的电压为电路 N 在端口处的开路电压 u_{OC},其串联电阻为该电路 N 端口内各独立电源置零后,从非含源一端口看进去的入端等效电阻或输入电阻 R_O。

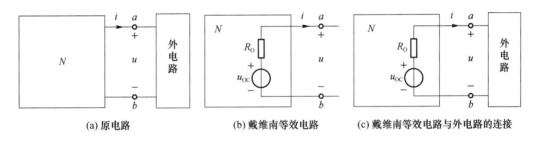

(a) 原电路　　　　　　　(b) 戴维南等效电路　　　　(c) 戴维南等效电路与外电路的连接

图 4-19　戴维南定理

戴维南定理的证明

现应用替代定理和叠加定理证明戴维南定理。

如图 4-19(a)所示,对于一个具有唯一解的线性含源单口电阻电路 N,它与外电路(可以是线性、非线性或含源的、无源的)不存在耦合关系,端口电压 u 和端口电流 i 的参考方向如图 4-19(a)所示,根据替代定理,用 $i_s=i$ 的电流源替代外电路,替代后的电路如图 4-20(a)所示。根据叠加定理,将图 4-20(a)分解为图 4-20(b)和图 4-20(c)两个电路。在图 4-20(b)中,u' 为 N 内部所有独立源作用产生的响应分量,此时电流源置零(开路),即 u' 为含源二端口网络 N 的开路电压 u_{OC},在图 4-20(c)中,u'' 为 N 内部所有独立源置零(电流源开路,电压源短路),仅由电流源 i_s 单独作用产生的端口电压分量,此时 N 成为不含独立源的二端口网络 N_O(受控源仍保留在 N_O 中),由于任一无源或有源电阻电路均可以等效为一电阻,因此可用输出电阻 R_O 等效代替 N_O,此时有 $u''=-R_O i_s=-R_O i$。

根据叠加定理,图 4-19(a)所示电路中端口电压响应为

$$u=u'+u''=u_{OC}-R_O i \tag{4-23}$$

根据两电路外特性相同则两电路等效的原则,图 4-19(a)所示一端口 N 与图 4-19(b)所

示的由电压源 u_{OC} 和电阻 R_O 构成的串联电路有相同的外特性,因此两电路等效,戴维南定理得证。

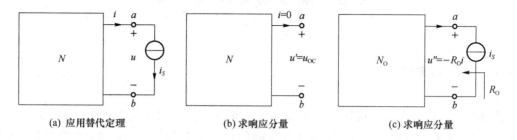

(a) 应用替代定理   (b) 求响应分量   (c) 求响应分量

图 4-20   戴维南定理的证明

应用戴维南定理求解电路的四个步骤:

(1) 将电路分解成两部分,一是待求支路,一是有源二端网络,把待求支路从电路中移走;

(2) 求解有源二端网络的开路电压 u_{OC};

(3) 将有源二端网络 N 变换为无源二端网络 N_O,即将理想电压源短路,理想电流源开路,受控源保留,内阻保留,求出该无源二端网络 N_O 的等效电阻 R_O;

(4)将待求支路接入理想电压源 u_{OC} 与电阻 R_O 串联的等效电压源,再求解所需的电流或电压。

4.3.2   戴维南定理的仿真

1. 例题解析

例 4-9   如图 4-21(a)所示电路,已知: $U_{S_1} = 7$ V、$U_{S_2} = 6.2$ V、$R_1 = R_2 = 0.2\Omega$、$R = 3.2\ \Omega$,试应用戴维南定理求电阻 R 中的电流 I。

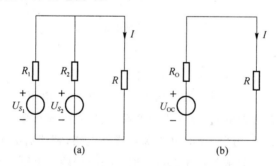

(a)   (b)

图 4-21   例 4-9 图

解   首先将左方(U_{S_1},R_1)支路和(U_{S_2},R_2)支路组成的一端口用戴维南等效电路置换。

$$U_{OC}\frac{U_{S_1} - U_{S_2}}{R_1 + R_2}R_2 + U_{S_2} = 6.6 \text{ V}$$

$$R_O = \frac{R_1 R_2}{R_1 + R_2} = 0.1\ \Omega$$

画出原电路图 4-21(a)的等效电路为图 4-21(b)。

$$I = \frac{U_{\mathrm{OC}}}{R_0 + R} = \frac{6.6}{0.1 + 3.2} \, \mathrm{A} = 2 \, \mathrm{A}$$

例 4-10 试求图 4-22(a)所示电路的戴维南等效电路。

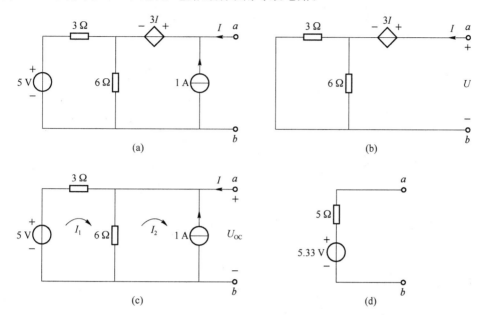

图 4-22 例 4-10 图

解 将原电路图 4-22(a)中电压源短路,电流源开路,并在端口处依关联方向设端口电压 U 和电流 I,如图 4-22(b)所示,则有

$$U = 3I + \frac{3 \times 6}{3 + 6} I = 5I$$

根据入端电阻定义可得

$$R_0 = \frac{U}{I} = 5 \, \Omega$$

将端口处开路,此时控制变量 $I = 0$,如图 4-22(c)所示,采用网孔电流法。

对于回路 1:

$$-5 + 9I_1 - 6I_2 = 0 \tag{4-24}$$

对于回路 2:

$$I_2 = -1 \, \mathrm{A} \tag{4-25}$$

联立式(4-24)、式(4-25),解得 $I_1 = -\dfrac{1}{9} \, \mathrm{A}$

$$U_{\mathrm{OC}} = -3I_1 + 5 = -3 \times \left(-\frac{1}{9}\right) + 5 = 5.33 \, \mathrm{V}$$

原电路图 4-22(a)的戴维南等效电路如图 4-22(d)所示。

例 4-11 试应用戴维南定理求图 4-23(a)电路中的电流 I。

解 首先求出 a、b 两端口的戴维南等效电路。

将 20 V 电压源短路,2 A 电流源开路,如图 4-23(b)所示,计算 R_0。

$$R_0 = \left(1 + \frac{4 \times 12}{4 + 12}\right) \Omega = 4 \, \Omega$$

当端口 a、b 开路时,如图 4-23(c)所示,计算 U_{OC},对两个回路用网孔电流法。

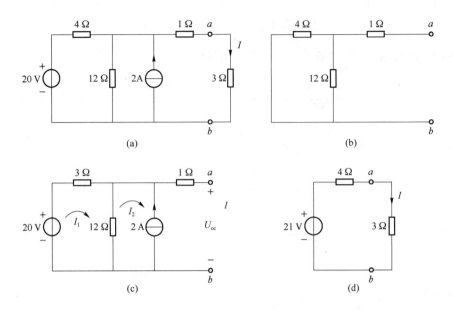

图 4-23 例 4-11 图

对于回路 1：

$$-20+4I_1+12(I_1-I_2)=0 \qquad\qquad (4\text{-}26)$$

对于回路 2：

$$I_2=-2A \qquad\qquad (4\text{-}27)$$

联立式(4-25)、式(4-26)，解得 $I_1=\dfrac{1}{4}$ A

$$U_{OC}=12(I_1-I_2)=12\times\left(1-\frac{1}{4}+2\right) \text{V}=21 \text{ V}$$

a、b 两端口的戴维南等效电路与 3 Ω 电阻相连接的电路如图 4-23(d)所示。

$$I=\frac{21}{4+3} \text{ A}=3 \text{ A}$$

2. 例题仿真

(1) 例 4-9 的 EWB 仿真电路如图 4-24 所示，其中图 4-24(a)为待求支路开路时两端电压 U_{OC} 的仿真电路图，图 4-24(b)为求内电路等效电阻仿真电路图，图 4-24(c)为等效电路的仿真电路图，图 4-24(d)为原电路的仿真电路图。

从图 4-25 的仿真结果可以看出，原电路仿真结果图 4-25(d)中待求支路电流表 A 的读数与采用戴维南定理等效后电路仿真结果图 4-25(c)中该支路电流表读数相同，即电路等效前后该支路电流值保持不变，从而验证了利用戴维南定理求解网络电路中某一部分或某一条支路电流值的正确性。

(2) 例 4-11 的 EWB 仿真电路如图 4-26 所示，其中图 4-26(a)为待求支路开路时两端电压 U_{OC} 的仿真电路图，图 4-26(b)为求内电路等效电阻仿真电路图，图 4-26(c)为等效电路的仿真电路图，图 4-26(d)为原电路的仿真电路图。

从图 4-27 的仿真结果可以看出，原电路仿真结果图 4-27(d)中待求支路电流表 A 的读数与采用戴维南定理等效后电路仿真结果图 4-27(c)中该支路电流表读数相同，即电路等效前后该支路电流值保持不变，从而验证了利用戴维南定理求解网络电路中某一部分或某一条支路电流值的正确性。

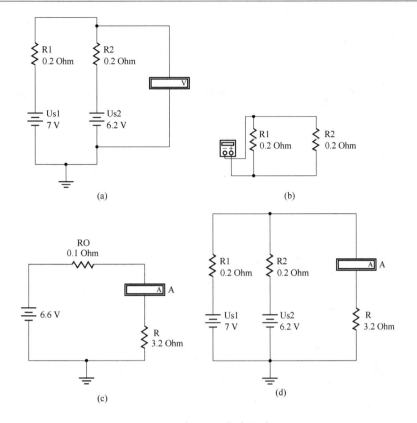

图 4-24　例 4-19 仿真电路图

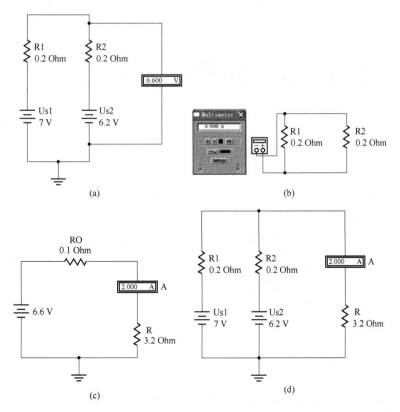

图 4-25　例 4-9 仿真结果

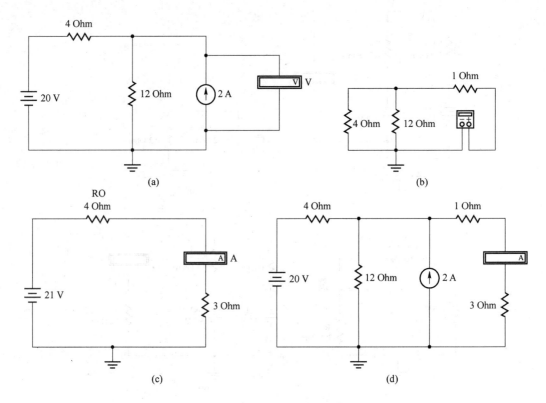

图 4-26 例 4-11 仿真电路图

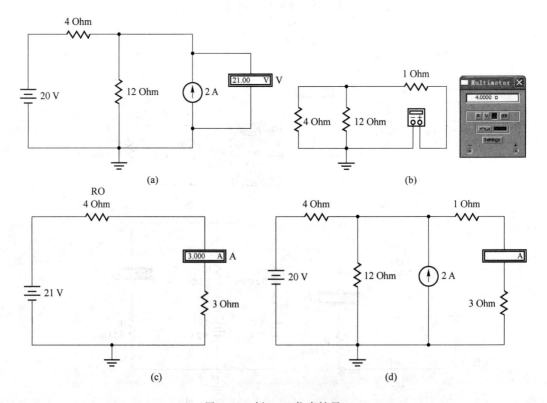

图 4-27 例 4-11 仿真结果

4.4　诺顿定理及仿真

4.4.1　诺顿定理

诺顿定理的表述

美国贝尔电话实验室工程师 E. L. Norton 在戴维南定理发表 50 余年后,提出了与戴维南定理相对偶的诺顿定理。诺顿定理的具体内容为:一个线性含源单口电阻电路,如图 4-28 (a)中的 N,对外电路而言,可以用一个独立电流源和一个线性电阻相并联的电路,如图 4-28 (b),等效代替,此独立电流源的电流为电路 N 在端口处的短路电流 i_{SC},其并联电阻为该电路 N 端口内各独立电源置零后,从非含源一端口看进去的入端等效电阻 R_O。

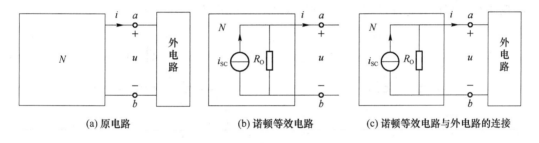

(a) 原电路　　　　　　　(b) 诺顿等效电路　　　　(c) 诺顿等效电路与外电路的连接

图 4-28　诺顿定理

采用类似于戴维南定理的证明方法,也可以证明诺顿定理,这里不再赘述。

应用诺顿定理求解电路的四个步骤:

(1) 将电路分解成两部分,一是待求支路,一是有源二端网络,把待求支路从电路中移走;

(2) 求解有源二端网络的短路电流 i_{SC};

(3) 将有源二端网络 N 变换为无源二端网络 N_O,即将理想电压源短路,理想电流源开路,受控源保留,内阻保留,求出该无源二端网络 N_O 的等效电阻 R_O;

(4) 将待求支路接入理想电流源 i_{SC} 与电阻 R_O 并联的等效电流源,再求解所需的电流或电压。

戴维南定理和诺顿定理总称为等效电源定理。戴维南等效电路为一电压源与电阻的串联,诺顿等效电路为一电流源与电阻的并联,它们分别为实际的电压源模型与实际的电流源模型,由于电压源与电流源之间存在等效关系,所以戴维南电路模型与诺顿电路模型之间可进行等效变换,当戴维南等效电路或诺顿等效电路中的等效电阻 $R_O \neq 0$ 和 $R_O \neq \infty$ 时,这两种等效电路间存在如下关系:

$$u_{OC} = R_O i_{SC} \quad \text{或} \quad i_{SC} = \frac{u_{OC}}{R_O}$$

关于等效电源定理的说明:

(1) 戴维南等效电路中等效电压源的电压方向与开路电压方向一致,诺顿等效电路中等效电流源的方向与短路电流方向一致;

（2）当有受控源时，等效内阻可能出现"—"值；

（3）受控源支路可进行单独变换，而若控制支路进行变换时，受控源支路必须一起进行变换；

（4）等效电源定理中的有源二端网络必须是线性的，而该二端网络所接的外电路可以是任意（线性或非线性、有源或无源）网络，但被等效的有源二端网络与外电路之间不能有耦合关系；

（5）当 $R_O = 0$ 时，等效电路成为一个理想电压源，这种情况下，对应的诺顿等效电路就不存在；当 $R_O = \infty$ 时，等效电路成为一个理想电流源，这种情况下，对应的戴维南等效电路就不存在。通常情况下，两种等效电路是同时存在的。R_O 也可能是一个线性负电阻。

4.4.2 诺顿定理的仿真

1. 例题解析

例 4-12 用诺顿定理求图 4-29(a)所示电路中电压 U。

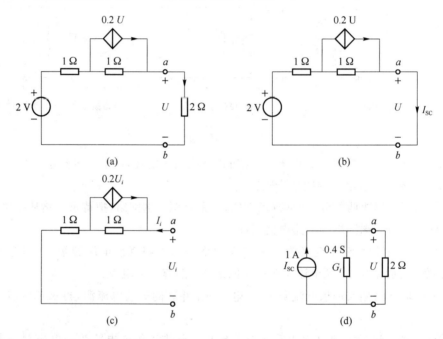

图 4-29 例 4-12 图

解 将端口处短路，并设短路电流为 I_{SC}，如图 4-29(b)所示，此时控制变量 $U = 0$，则可得

$$I_{SC} = \frac{2}{1+1} \text{ A} = 1 \text{ A}$$

将原电路图 4-29(a)中电压源置零，并在端口处依关联方向设端口电压 U_i 和电流 I_i，如图 4-29(c)所示，则有

$$U_i = 1 \times (0.2U_i + I_i) + 1 \times I_i = 0.2U_i + 2I_i$$

即

$$0.8U_i = 2I_i$$

根据入端电导定义可得

$$G_i = \frac{I_i}{U_i} = \frac{0.8}{2}S = 0.4S$$

作出 a、b 左边的诺顿等效电路并联接入 $2\ \Omega$ 电阻,得到如图 4-29(d)所示电路。

$$U = 1 \times \frac{\dfrac{1}{0.4} \times 2}{\dfrac{1}{0.4} + 2}\ V \approx 1.1\ V$$

例 4-13 用诺顿定理求图 4-30(a)中 a、b 两端的输入电阻 R_0 和短路电流 i_{SC}。

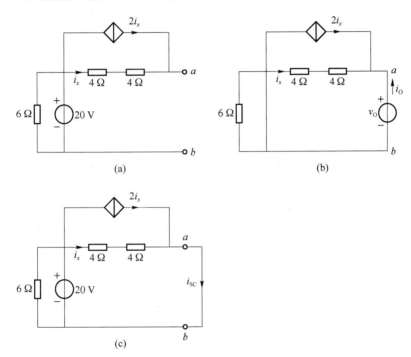

图 4-30 例 4-13 图

解:(1)先求 R_0,另独立电压源置零,在 a、b 两端接一个电压值为 v_O 的电压源,如图 4-30(b)所示。由图 4-30(b)可得

$$i_x = -\frac{v_O}{4+4} = -\frac{v_O}{8} \tag{4-28}$$

在节点 a 处有

$$i_O = -(i_x + 2i_x) = -3i_x \tag{4-29}$$

联立式(4-28)、式(4-29),解得

$$R_O = \frac{v_O}{i_O} = \frac{8}{3}$$

(2)求短路电流 i_{SC},将 a、b 两端短路,得到如图 4-30(c)所示电路。由图 4-30(c)可知

$$i_x = \frac{20}{4+4}\ A = 2.5\ A$$

在节点 a 处,用 KCL 计算,有

$$i_{SC} = i_x + 2i_x = 3i_x = 7.5\ A$$

2. 例题仿真

例 4-13 所示电路的 EWB 仿真电路如图 4-31 所示,其中图 4-31(a)为待求支路短路电流 i_{sc} 的仿真电路图,图 4-31(b)为求内电路等效电阻仿真电路图。

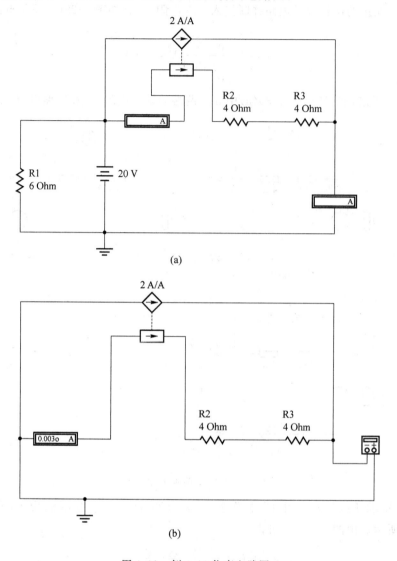

(a)

(b)

图 4-31　例 4-13 仿真电路图

例 4-13 要求应用诺顿定理求 a、b 两端的短路电流 i_{sc} 和输入电阻 R_O,从图 4-32(a)仿真结果可以看出短路电流 $i_{sc}=7.5\,\mathrm{A}$,从图 4-32(b)仿真结果可以看出输入电阻 $R_O=2.667\,\Omega$。

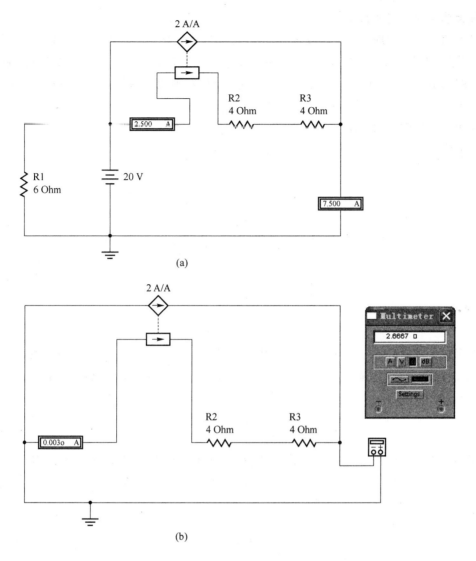

图 4-32 例 4-13 仿真结果

4.5 最大功率传输定理及仿真

4.5.1 最大功率传输定理

在实际的电子电路中,电路主要用来对负载提供功率。一般的电子装置考虑到效率和经济因素,会要求在发送和分配过程中损失的功率尽可能小,也有某些应用场合,要求负载能从给定电源中获得最大功率,也就是所谓的最大功率传输问题。应用戴维南定理和诺顿定理将使这类问题很容易得解。

最大功率传输定理的表述

最大功率传输定理是关于负载与电源相匹配时,负载能获得最大功率的定理。具体内容为:在直流电阻电路中,当含源一端口电路外接一个可变负载电阻 R_L 时,如果负载电阻 R_L 与含源一端口电路的戴维南等效电路中的入端电阻相等,则此含源一端口电路传给负载 R_L 的功率最大。

最大功率传输定理的证明

现证明此定理。

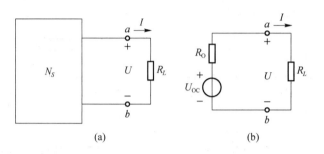

图 4-33　最大功率传输定理的证明

给定一个线性有源二端网络,它向负载 R_L 供电,如图 4-33(a)所示,电路的负载 R_L 是可调的,负载之外的电路用戴维南等效电路表示,如图 4-33(b)所示,则传输到负载 R_L 上的功率与负载 R_L 之间的关系为:

$$P_L = I^2 R_L = \left(\frac{U_{OC}}{R_O + R_L} \right)^2 R_L = f(R_L) \tag{4-30}$$

根据数学中求极值的方法,为求出功率最大的条件,令对 R_L 求微分,且令它等于零,即:

$$\frac{dP_L}{dR_L} = U_{OC}^2 \left[\frac{(R_O + R_L)^2 - 2(R_O + R_L)R_L}{(R_O + R_L)^4} \right] = \frac{U_{OC}^2 (R_O^2 - R_L^2)}{(R_O + R_L)^4} = 0 \tag{4-31}$$

解得:

$$R_O = R_L \tag{4-32}$$

又由于

$$\frac{d^2 P_L}{dR_L^2} \bigg|_{R_O = R_L} = -\frac{U_{OC}^2}{8R_O^3} < 0 \tag{4-33}$$

所以当 $R_O = R_L$ 时,负载确实获得功率最大,定理得证。

将式(4-32)代入式(4-30),得到负载获得的最大功率为

$$P_{Lmax} = \frac{U_{OC}^2}{4R_O} \tag{4-34}$$

满足最大功率匹配条件($R_O = R_L$)时,功率传输效率为

$$\eta = \frac{I^2 R_L}{I^2 (R_O + R_L)} = \frac{R_L}{2R_L} = 50\% \tag{4-35}$$

需注意,最大功率传输定理多用于无线电技术、通信电路等弱电电路。因为在满足负载匹配的条件下,电路传输效率较低,在一些弱电电路中,更希望能够从微弱信号中获得最大功率,即使以牺牲效率为代价也觉得可行。

关于最大功率传输定理的说明:

（1）最大功率传输定理用于一端口网络给定、负载电阻可调的情况；

（2）端口网络等效电阻消耗的功率一般不等于端口网络内部消耗的功率,因此当负载获得最大功率时,电路的传输效率不一定等于 50%,在负载匹配的条件下,往往实际电路的传输效率比 50% 还要低；

（3）计算最大功率问题要结合应用戴维南定理和诺顿定理。

4.5.2　最大功率传输定理的仿真

1. 例题解析

例 4-14　图 4-34(a)所示电路,试求

（1）负载电阻 R_L 为何值时获得最大功率并求此最大功率；

（2）在负载匹配的条件下,10 V 电压源的功率传输效率。

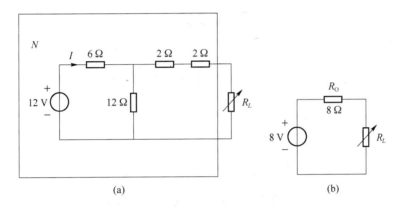

(a)　　　　　　　　　(b)

图 4-34　例 4-14 图

解　（1）求单口网络 N 的戴维南等效电路参数 U_{OC} 和 R_O

断开负载 R_L, $U_{OC} = \dfrac{12}{6+12} \times 12 \text{ V} = 8 \text{ V}$

$$R_O = \left(2+2+\frac{6\times12}{6+12}\right) \Omega = 8 \ \Omega$$

如图 4-34(b)所示,当负载电阻 $R_L = R_O = 8 \ \Omega$ 时负载电阻 R_L 获得最大功率。此最大功率为

$$P_{L\max} = \frac{U_{OC}^2}{4R_O} = \frac{8^2}{4\times8} \text{ W} = 2 \text{ W}$$

（2）先计算 12 V 电压源发出的功率,在负载匹配的条件下,即 $R_L = 8 \ \Omega$ 时 $I = \dfrac{12}{6+[12//(2+2+8)]} \text{ A} = 1 \text{ A}$

$$P_S = U_S I = 12 \times 1 \text{ W} = 12 \text{ W}$$

负载电阻 R_L 与电压源间的功率传输效率为

$$\eta = \frac{P_{L\max}}{P_S} \times 100\% = \frac{2}{12} \times 100\% \approx 16.7\%$$

2. 例题仿真

（1）例 4-14 的 EWB 仿真电路如图 4-35 所示,其中图 4-35(a)为求负载开路时两端开路

电压 U_{OC} 的仿真电路图,图 4-35(b)为负载开路时单口网络 N 的等效电阻仿真电路图,图 4-35(c)为等效电路的仿真电路图,图 4-35(d)为原电路的仿真电路图。

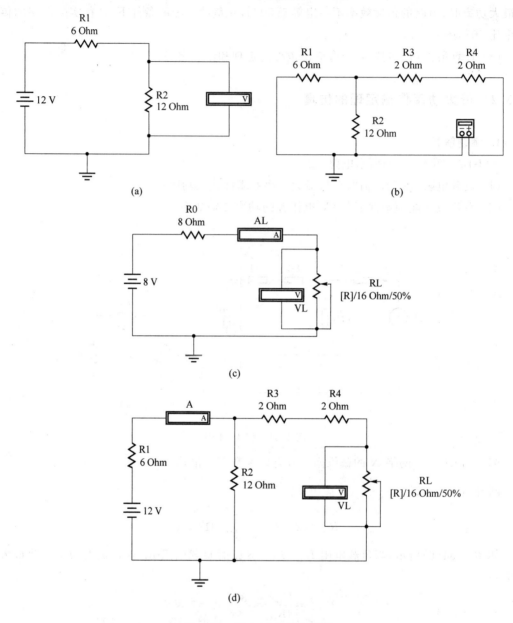

图 4-35　例 4-14 仿真电路图

　　在仿真过程中,通过调整负载 R_L 阻值的大小,其两端的电压和流过电流也相应发生变化,当仿真电路图 4-36(d)中的滑动变阻器中间抽头滑到距上端 50% 时,即接入电路中的负载阻值为 $R_L=16\times50\%\ \Omega=8\ \Omega$ 时,负载 R_L 上获得最大功率,此时图 4-36(d)中的 R_L 阻值等于图 4-36(b)中 R_O 的阻值 8 Ω,满足公式 4-32 获得最大功率的条件,从而验证了最大功率传输定理的正确性。

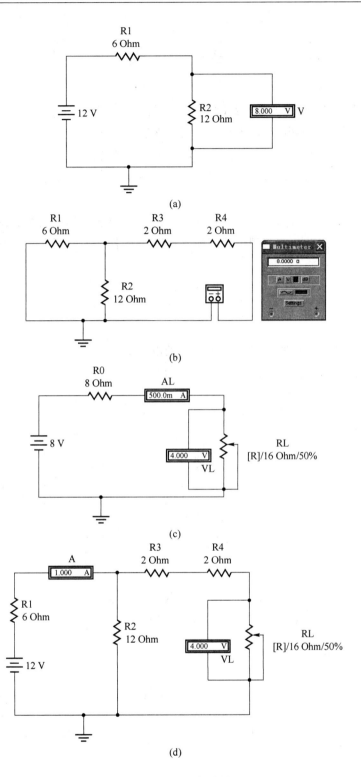

图 4-36 例 4-14 仿真结果

思 考 题

1. 在应用叠加定理分析线性电路时,受控源如何处理?

2. 受控源所在支路的电压、电流是否可用独立电源替代?

3. 控制变量所在支路的电压、电流是否可用独立电源替代?

4. 如果因为开路端的选择使控制变量消失,在求开路电压和入端电阻时应如何分别处理相应的受控源?

5. 戴维南等效电路与诺顿等效电路之间可以进行等效变换吗? 变换关系如何?

6. 在电力供电系统中,能否用负载匹配原则设计电路?

习 题 四

4.1 试用叠加定理求图 4-37 所示电路中的电流 I。

4.2 试用叠加定理求图 4-38 所示电路中的 U。

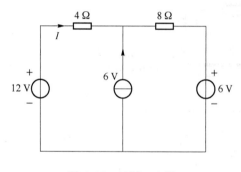

图 4-37 习题 4.1 图

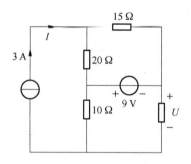

图 4-38 习题 4.2 图

4.3 试用叠加定理求图 4-39 所示电路的电压 U 和电流源的功率。

4.4 试用戴维南等效电路求图 4-40 所示电路中的电流 I。

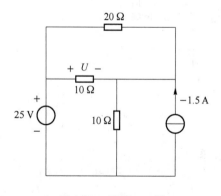

图 4-39 习题 4.3 图

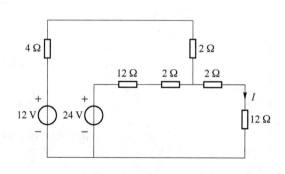

图 4-40 习题 4.4 图

4.5 试用诺顿定理求图 4-41 所示电路中的电流 I。

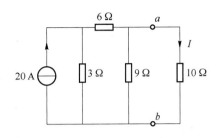

图 4-41 习题 4.5 图

4.6 试求图 4-42 所示电路中的电流 I。

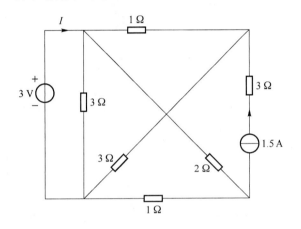

图 4-42 习题 4.6 图

4.7 试求图 4-43 所示二端网络的戴维南等效电路。

4.8 试求图 4-44 所示电路的戴维南等效电路和诺顿等效电路。

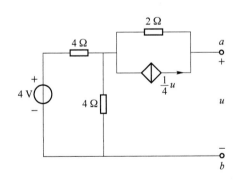

图 4-43 习题 4.7 图

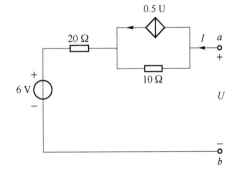

图 4-44 习题 4.8 图

4.9 试用戴维南定理求图 4-45 所示电路中的电流 I。

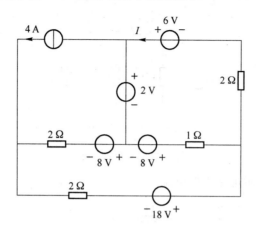

图 4-45　习题 4.9 图

4.10 如图 4-46 所示电路中,当电流源 i_{S1} 和电压源 u_{S1} 反向时(u_{S2} 不变),电压 u_{ab} 是原来的 0.7 倍;当电流源 i_{S1} 和电压源 u_{S2} 反向时(u_{S1} 不变),电压 u_{ab} 是原来的 0.5 倍。问:仅 i_{S1} 反向(u_{S1}、u_{S2} 均不变)时,电压 u_{ab} 是原来的几倍?

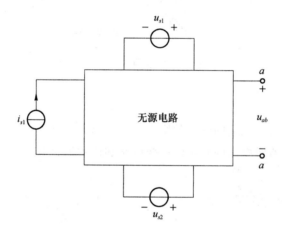

图 4-46　习题 4.10 图

4.11 试用诺顿定理求图 4-47 所示电路中的电流 I。

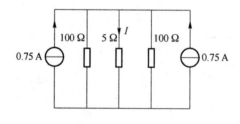

图 4-47　习题 4.11 图

4.12 试求图 4-48 所示电路中的电流 I。

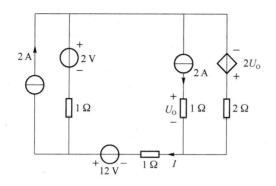

图 4-48　习题 4.12 图

4.13　试求图 4-49 所示 a、b 端口的戴维南等效电路和诺顿等效电路。

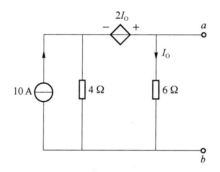

图 4-49　习题 4.13 图

4.14　图 4-50 所示电路中,电阻 R_L 为多少时,R_L 可获得最大功率?

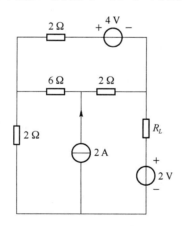

图 4-50　习题 4.14 图

4.15　为使图 4-51 所示电路的电阻 R 获得最大功率,R 应满足什么条件? 求 R 获得的最大功率。

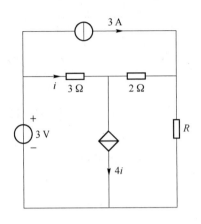

图 4-51　习题 4.15 图

仿真实训 1　用 EWB 软件验证叠加定理

一、实训目的

1. 掌握叠加定埋的内容,会应用叠加定理求解各元件两端电压和流过元件的电流;
2. 熟悉 EWB 软件的使用,会借助 EWB 仿真软件进行电路仿真;
3. 根据仿真结果分析叠加前后电压和电流的关系;
4. 验证叠加定理的正确性,加深对该定理的理解和认识。

二、实训要求

1. 独立设计一个电路图;
2. 计算电路图中各元件两端的电压和流过元件的电流;
3. 按照图 4-7 的方法,用 EWB 软件绘制仿真电路图,注意元件、仪器仪表的接线和参数的设置;
4. 通过仿真,首先测出各独立源单独作用时各元件两端的电压值和流过该元件的电流值,其次测出所有独立源共同作用时各元件两端的电压值和流过该元件的电流值,再次把各独立源单独作用时各元件两端的电压值和流过该元件的电流值分别进行叠加,最后把叠加的结果与所有独立源共同作用时测得各元件两端的电压值和流过该元件的电流值进行比较,如果其所得值相同,说明仿真结果的正确性;
5. 完成实训报告,对在实际仿真过程中遇到的一些问题进行原因分析。

仿真实训 2 用 EWB 软件验证替代定理

一、实训目的

1. 掌握替代定理的内容,会应用替代定理求解各元件两端电压和流过元件的电流;
2. 熟悉 EWB 软件的使用,会借助 EWB 仿真软件进行电路仿真;
3. 根据仿真结果分析替代前后电压和电流的关系;
4. 验证替代定理的正确性,加深对该定理的理解和认识。

二、实训要求

1. 独立设计一个电路图;
2. 计算电路图中各元件两端的电压和流过元件的电流;
3. 按照图 4-7 的方法用 EWB 软件绘制仿真电路图,注意元件、仪器仪表的接线和参数的设置;
4. 通过仿真首先测出未被替代时电路中各元件两端的电压值和流过该元件的电流值,其次测出第 k 条支路被替代后各元件两端的电压值和流过该元件的电流值,最后对第 k 条支路被替代前后测得各元件的电压值和流过该元件电流值进行比较,如果其所得值相同,说明仿真结果的正确性;
5. 完成实训报告,对在实际仿真过程中遇到的一些问题进行原因分析。

仿真实训 3 用 EWB 软件验证戴维南定理

一、实训目的

1. 掌握戴维南定理的内容,会应用戴维南定理求解各元件两端电压和流过元件的电流;
2. 熟悉 EWB 软件的使用,会借助 EWB 仿真软件进行电路仿真;
3. 根据仿真结果分析等效电路前后电压和电流的关系;
4. 验证戴维南定理的正确性,加深对该定理的理解和认识。

二、实训要求

1. 独立设计一个电路图;
2. 计算电路图中各元件两端的电压和流过元件的电流;

3. 按照图 4-7 的方法用 EWB 软件绘制仿真电路图,注意元件、仪器仪表的接线和参数的设置;

4. 通过仿真首先测出某一条支路或某一部分网络开路时两端的开路电压 u_{OC},其次测出二端网络中所有电源置零时的等效电阻 R_0,再次测出把等效电路与某一条支路或某一部分网络进行连接时流过该支路的电流值,最后测出等效前流过该支路的电流值并与等效后测得流过该支路的电流值进行比较,如果其值相同,说明仿真结果的正确性;

5. 完成实训报告,对在实际仿真过程中遇到的一些问题进行原因分析。

仿真实训 4 用 EWB 软件验证诺顿定理

一、实训目的

1. 掌握诺顿定理的内容,会应用诺顿定理求解各元件两端电压和流过元件的电流;
2. 熟悉 EWB 软件的使用,会借助 EWB 仿真软件进行电路仿真;
3. 根据仿真结果分析等效电路前后电压和电流的关系;
4. 验证诺顿定理的正确性,加深对该定理的理解和认识。

二、实训要求

1. 独立设计一个电路图;
2. 计算电路图中各元件两端的电压和流过元件的电流;
3. 按照图 4-7 的方法用 EWB 软件绘制仿真电路图,注意元件、仪器仪表的接线和参数的设置;

4. 通过仿真首先测出某一条支路或某一部分网络短路时的电流 i_{SC},其次测出二端网络中所有电源置零时的等效电阻 R_0,再次测出把等效电路与某一条支路或某一部分网络进行连接时流过该支路的电流值,最后测出等效前流过该支路的电流值并与等效后测得流过该支路的电流值进行比较,如果其值相同,说明仿真结果的正确性;

5. 完成实训报告,对在实际仿真过程中遇到的一些问题进行原因分析。

仿真实训 5 用 EWB 软件验证最大功率传输定理

一、实训目的

1. 掌握利用最大功率传输定理求解负载上获得最大功率的方法;
2. 熟悉 EWB 软件的使用,会借助 EWB 仿真软件进行电路仿真;

3. 会应用所学的电路定理对负载两端的其他电路进行电路等效；

4. 验证最大功率传输定理的正确性,加深对该定理的理解和认识。

二、实训要求

1. 独立设计一个电路图；

2. 计算电路图中各元件两端的电压和流过元件的电流；

3. 按照图 4-7 的方法用 EWB 软件绘制仿真电路图,注意元件、仪器仪表的接线和参数的设置；

4. 通过仿真首先利用戴维南等效电路的方法测出负载 R_L 开路时两端的电压 u_{OC},其次测出二端网络中所有电源置零时的等效电阻 R_O,再次把等效电路与负载进行连接并测量流过负载的电流值和其两端的电压值,最后通过调节负载阻值的大小测出负载获得的功率,当 $R_L = R_O$ 时负载获得最大功率,从而验证了获得最大传输功率条件的正确性；

5. 完成实训报告,对在实际仿真过程中遇到的一些问题进行原因分析。

本 章 小 结

1. 本章的若干定理旨在进行电路简化,将复杂的电路转换为简单的电路,以便进行电路分析。

2. 叠加定理:对于一个具有多个独立电源的电路,元件两端的电压(或流经元件的电流)等于各个独立源单独作用时而产生的各个电压(或电流)的代数和。

3. 替代定理:若已知某支路的电压或流经该支路的电流,则该支路可以用一个电压源或电流源等值替代。

4. 戴维南定理和诺顿定理是允许孤立电路的一部分,电路的其余部分用一个等效电路来代替。戴维南等效电路由一个电压源和与之相串联的电路组成,诺顿等效电路由一个电流源和与之相并联的电路组成。

5. 对于一个给定的戴维南等效电路,当负载电阻等于戴维南电阻,即 $R_L = R_O$ 时,传递到负载上的功率最大。

习 题 四 参 考 答 案

4.1　$I = 3.5$ A

4.2　$U = 7$ V

4.3　$U = 16$ V,$P = 13.5$ W

4.4　$I = 0.86$ A

4.5　$I = 2.07$ A

4.6　$I = 2.125$ A

4.7

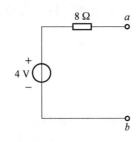

4.8

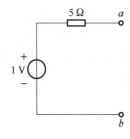 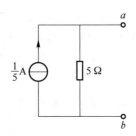

4.9 $I = 5\ \text{A}$

4.10   2.2 倍

4.11 $I = 0.75\ \text{A}$

4.12 $I = 6\ \text{A}$

4.13

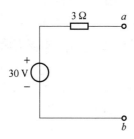 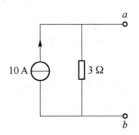

4.14 $R_L = 3.6\ \Omega$ 时可获得最大功率

4.15 $R = 1\ \Omega$ 时可获得最大功率，$P_{R\max} = 9\ \text{W}$

第 5 章　储 能 元 件

本章之前所学的都是局限于电阻电路,电阻是一种典型的耗能元件,本章将认识两个重要储能元件:电容器和电感器。电容和电感可以储存能量,具有存储、记忆功能。对于有电容或电感的电路,第 3 章、第 4 章所讨论的电路分析方法和定理依然适用,引入电容和电感元件后,突破了纯电阻电路的局限,可以分析许多更实用的电路。

5.1　电能储存元件

电容器能储存电荷,是一个在其电场中储存能量的无源元件。电容器是除电阻之外最常用的电子元件之一,在电子学、计算机、通信和功率系统中都被广泛使用到,例如收音机的调谐电路。

电容器是由间隔以不同介质(空气、陶瓷、绝缘纸或云母)的两块金属板(铝箔)组成。电容接入电路后,电源在一个极板上储存正电荷 q,在另一个极板上储存负电荷 $-q$,两个极板间形成一定强度的电场,撤去电源,板上电荷仍可长久地积聚下去从而实现了储存电能的作用。

根据库伏特性,电容可分为线性电容和非线性电容。本章只讨论线性电容。

5.1.1　电容器

1. 线性电容

库伏特性曲线是一条通过坐标原点的直线的电容元件称为线性电容元件,否则称为非线性电容元件。线性电容(以下简称电容)在电路中的符号及其库伏特性如图 5-1 所示。

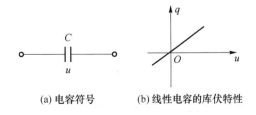

(a) 电容符号　　　　(b) 线性电容的库伏特性

图 5-1　线性电容的符号及其库伏特性

当电容的两个极板带上电荷以后,在采用电荷电压关联参考方向的情况下,如图 5-2 所

示,极板所带电荷的极性与电压极性相同,其库伏特性可表示为:

$$q = Cu \tag{5-1}$$

其中 C 为电容器的电容,单位是 F(Farad 法拉,简称法),常用 μF、pF 等表示。

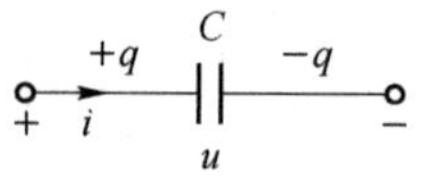

$$\begin{array}{c} \overset{+q}{\circ} \quad \overset{C}{\vert\vert} \quad \overset{-q}{\circ} \\ + \quad \overset{\longrightarrow}{i} \quad \vert\vert \quad - \\ u \end{array}$$

图 5-2 带电荷的电容

电容器的用途有:储能、滤波、移相、耦合、调谐、启动电机和抑制噪声等。

2. 电容元件的电流-电压关系

为推导电容器的电流-电压关系,对式(5-1)两边取微分,当电压电流取关联参考方向时,如图 5-2 所示。可以得到以下关系式:

$$i = \frac{dq}{dt} = \frac{d(Cu)}{dt} = C\frac{du}{dt} \tag{5-2}$$

从式(5-2)可以看出:

(1)流经电容器的电流 i 的大小与电容器两端电压 u 本身大小无关,而与 u 的变化率成正比,电容是动态元件;

(2)当电容器两端的电压不随时间而变(直流电压)时,电流 $i=0$,所以对直流电而言,电容器相当于开路,电容器有隔直通交的特性;

注意:将直流电压接到电容器上,电容器上是充有电荷的。

(3)实际电路中流过电容器的电流 i 为有限值,则电容器上的电压 u 必为时间的连续函数,即电容器上的电压 u 不能突变。

3. 电容元件的电压-电流关系

对式(5-2)两边取积分得:

$$q(t) = \int_{-\infty}^{t} i d\xi = \int_{-\infty}^{t_0} i d\xi + \int_{t_0}^{t} i d\xi = q(t_0) + \int_{t_0}^{t} i d\xi \tag{5-3}$$

由电容的库伏特性可得:

$$u(t) = u(t_0) + \frac{1}{C}\int_{t_0}^{t} i d\xi \tag{5-4}$$

在式(5-3)和式(5-4)中,t_0 为时间的起点,当 $t_0 = 0$ 时,式(5-4)可写为:

$$u(t) = u(0) + \frac{1}{C}\int_{0}^{t} i d\xi \tag{5-5}$$

其中 $u(0) = \frac{1}{c}\int_{-\infty}^{0} i d\xi$,称为电容电压的初始值,它反映电容初始时刻的储能状况,又称为初始状态。

从式(5-5)可知,电容器的电压取决于电容器电流的历史条件,即此时刻以前流过电容的任何电流对时刻 t 的电压都有一定的贡献,电容是一种记忆元件,电容记忆、存储特性是一个非常有用的特性。

注意:之前的分析推导都是以电压电流取关联参考方向为前提,当电压电流为非关联参考方向时,电容元件的 VCR 微分和积分前要加负号。

4. 电容的功率和储能

在图 5-2 的关联参考方向下,传递到电容器上的瞬时功率为:

$$p = ui = u \cdot C \frac{\mathrm{d}u}{\mathrm{d}t} \tag{5-6}$$

在时刻 t，电容器存储的能量为：

$$
\begin{aligned}
W_C &= \int_{-\infty}^{t} p\,\mathrm{d}\xi = \int_{-\infty}^{t} ui\,\mathrm{d}\xi = \int_{-\infty}^{t} uC \frac{\mathrm{d}u}{\mathrm{d}\xi}\mathrm{d}\xi \\
&= \frac{1}{2}Cu^2(\xi)\Big|_{-\infty}^{t} = \frac{1}{2}Cu^2(t) - \frac{1}{2}Cu^2(-\infty)
\end{aligned} \tag{5-7}
$$

在一般情况下，可以认为 $u(-\infty)=0$，因为 $t=-\infty$ 时，电容器未被充电，所以：

$$W_C = \frac{1}{2}Cu^2(t) \tag{5-8}$$

式(5-8)表明电容能在一段时间内吸收外部供给的能量并将其转化为电场能存储起来，理想电容器本身不消耗能量，在另一段时间内又能把能量释放回电路，电容不可能释放出多于它储存的能量，所以电容元件是无源元件、储存元件。事实上，"电容器"一词是由元件具有存储电场中能量的能力这个含义演变而来的。

5. 电容的仿真

将电容接入电路，当信号源为直流电压源时，用 EWB 仿真的电路如图 5-3(a)所示，仿真结果如图 5-3(b)所示。

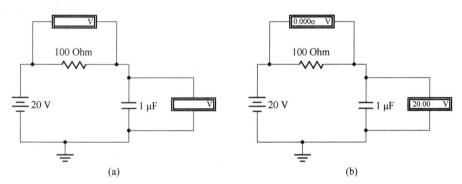

图 5-3　电容仿真

从图 5-3 的仿真结果可以看出，信号源为 20 V 直流电压源，根据所接电阻和电容的分压情况可以看出，电源电压全部分到了电容上，电阻无分压，可以认为此时电路是开路的，即对于直流电而言，电容器相当于开路。

5.1.2　电容器的串联和并联

在电阻电路的学习中，我们通过电阻的串-并联可以有效地简化电路，同样我们也可以将其应用在电容元件上，用一个等效电容来代替多个电容的串联或并联。

1. 电容器的串联

把几个电容器首尾相接连成一个无分支的电路，称为电容器的串联(如图 5-4 所示)。

注意到流到电容器上的最终电荷是相同的，所以流经电容器的电流 i 都是一样的，有：

$$i = i_1 = i_2 = \cdots = i_n \tag{5-9}$$

根据 KVL，端口电压

$$u = u_1 + u_2 + \cdots + u_n \tag{5-10}$$

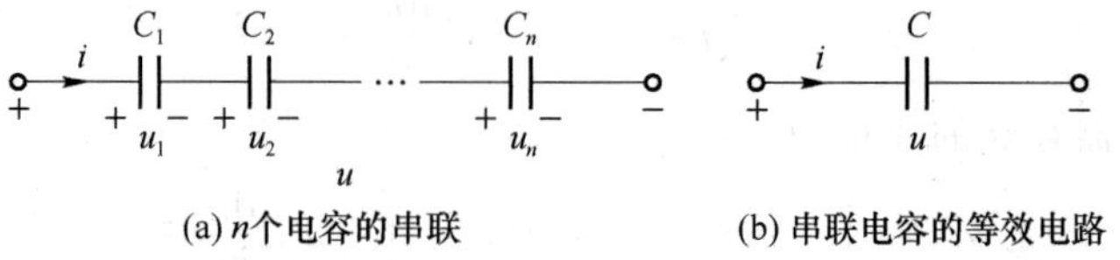

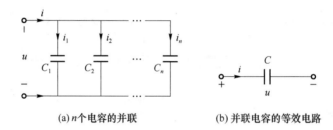

(a) n 个电容的串联   (b) 串联电容的等效电路

图 5-4　电容器的串联

由式 (5-5) 可知 $u_i(t) = u_i(0) + \dfrac{1}{C_i}\displaystyle\int_0^t i\mathrm{d}\xi$，将该式代入式 (5-10) 可得：

$$
\begin{aligned}
u &= u(0) + \frac{1}{C}\int_0^t i\mathrm{d}\xi \\
&= u_1(0) + \frac{1}{C_1}\int_0^t i\mathrm{d}\xi + u_2(0) + \frac{1}{C_2}\int_0^t i\mathrm{d}\xi + \Lambda + u_n(0) + \frac{1}{C_n}\int_0^t i\mathrm{d}\xi
\end{aligned}
\tag{5-11}
$$

由式 (5-11) 可得：

$$
\frac{1}{C} = \frac{1}{C_1} + \frac{1}{C_2} + \Lambda + \frac{1}{C_n}
\tag{5-12}
$$

因此由式 (5-12) 可知：串联电容器总电容的倒数等于各电容器电容的倒数之和。

2. 电容器的并联

把几个电容器的一端连在一起，另一端也连在一起的连接方式称为电容器的并联（如图 5-5 所示）。

（图 5-5）

(a) n 个电容的并联   (b) 并联电容的等效电路

图 5-5　电容器的并联

注意到各个电容器两端电压相同：

$$
u = u_1 = u_2 = \cdots = u_n
\tag{5-13}
$$

根据 KCL，有：

$$
i = i_1 + i_2 + \cdots + i_n
\tag{5-14}
$$

由式 (5-2) 可得：

$$
\begin{aligned}
i = C\frac{\mathrm{d}u}{\mathrm{d}t} &= C_1\frac{\mathrm{d}u_1}{\mathrm{d}t} + C_2\frac{\mathrm{d}u_2}{\mathrm{d}t} + \cdots + C_n\frac{\mathrm{d}u_n}{\mathrm{d}t} \\
&= C_1\frac{\mathrm{d}u}{\mathrm{d}t} + C_2\frac{\mathrm{d}u}{\mathrm{d}t} + \Lambda + C_n\frac{\mathrm{d}u}{\mathrm{d}t} \\
&= (C_1 + C_2 + \Lambda + C_n)\frac{\mathrm{d}u}{\mathrm{d}t}
\end{aligned}
\tag{5-15}
$$

由式 (5-15) 可得：

$$
C = C_1 + C_2 + \Lambda + C_n
\tag{5-16}
$$

因此由式 (5-16) 可知：并联电容器的总电容等于各个电容器的电容之和。

5.2　磁能储存元件

5.2.1　电感器

将金属导线缠绕在一骨架上就可构成一个实际的电感器,电感器是在一个在磁场中储存能量的无源元件。电感器在许多电子系统中都有应用,例如:变压器、收音机、电源、电动机和雷达等。

根据韦安特性,电感可分为线性电感和非线性电感。本章只讨论线性电感。

1. 线性电感

韦安特性曲线是一条通过坐标原点的直线的电感元件称为线性电感元件,否则称为非线性电容元件。线性电感(以下简称电感)在电路中的符号及其韦安特性如图 5-6 所示。

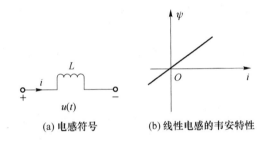

(a) 电感符号　　　　(b) 线性电感的韦安特性

图 5-6　线性电感的符号及其韦安特性

当电流通过线圈时会产生磁通链 ψ,磁通链的方向与电流参考方向满足右手螺旋关系。其韦安特性可表示为:

$$\psi = Li \tag{5-17}$$

其中 L 为电感器的自感系数,单位是 H(Henry 亨利,简称亨),常用 μH、mH 等表示。

电感器的用途有:储能、阻流、选频、调谐、过滤噪声和抑制电磁波干扰等。

2. 电感元件的电压-电流关系

为推导电感器的电压-电流关系,对式(5-17)两边取微分,当电压、电流取如图 5-6 所示的关联参考方向时,可以得到以下关系式:

$$u = \frac{\mathrm{d}\psi}{\mathrm{d}t} = L\frac{\mathrm{d}i}{\mathrm{d}t} \tag{5-18}$$

从式(5-18)可以看出:

1. 电感器两端电压 u 的大小与流经电感器电流 i 本身大小无关,而与 i 的变化率成正比,电感是动态元件;

2. 当流经电感器的电流 i 为常数(直流)时,电压 $u=0$,所以对直流电而言,电感器相当于短路;

3. 实际电路中电感器两端电压 u 为有限值,则流经电感器的电流 i 必为时间的连续函数,即电感电流不能跃变。

3. 电感元件的电流-电压关系

为推导电感器的电流-电压关系,对式(5-18)两边取积分得:

$$i(t) = \frac{1}{L}\int_{-\infty}^{t} u\,\mathrm{d}\xi$$

$$= \frac{1}{L}\int_{-\infty}^{t_0} u\,\mathrm{d}\xi + \frac{1}{L}\int_{t_0}^{t} u\,\mathrm{d}\xi \quad\quad (5\text{-}19)$$

$$= i(t_0) + \frac{1}{L}\int_{t_0}^{t} u\,\mathrm{d}\xi$$

在式(5-19)中,t_0 为时间的起点,当 $t_0=0$ 时,式(5-19)可写为:

$$i(t) = i(0) + \frac{1}{L}\int_{0}^{t} u\,\mathrm{d}\xi \quad\quad (5\text{-}20)$$

其中 $i(0) = \frac{1}{L}\int_{-\infty}^{0} u\,\mathrm{d}\xi$,称为电感电流的初始值,它反映电感初始时刻的储能状况,又称为初始状态。

从式(5-20)可知,电感器的电流取决于电感器电压的历史条件,即此时刻以前流过电感的任何电压对时刻 t 的电流都有一定的贡献,电感是一种记忆元件,电感记忆、存储特性也是一个非常有用的特性。

注意:之前的分析推导都是以电压电流取关联参考方向为前提,当电压电流为非关联参考方向时,电感元件的 VCR 微分和积分前要加负号。

4. 电感的功率和储能

在电压电流取关联参考方向下,传递到电感器上的瞬时功率为:

$$p = ui = Li\frac{\mathrm{d}i}{\mathrm{d}t} \quad\quad (5\text{-}21)$$

在时刻 t,电感器存储的能量为:

$$W_L(t) = \int_{-\infty}^{t} p\,\mathrm{d}\xi = \int_{-\infty}^{t} Li\frac{\mathrm{d}i}{\mathrm{d}\xi}\mathrm{d}\xi = \frac{1}{2}Li^2(t) - \frac{1}{2}Li^2(-\infty) = \frac{1}{2}Li^2(t) \quad (5\text{-}22)$$

在一般情况下,可以认为 $i(-\infty)=0$,因为电感器在前某个时刻必然没有电流,所以 $i(-\infty)=0$ 的条件是合理而实际的。

式(5-22)表明电感同电容一样,能在一段时间内吸收外部供给的能量并将其转化为磁场能存储起来,理想电感器本身不消耗能量,在另一段时间内又能把能量释放回电路,电感不可能释放出多于它储存的能量,所以电感元件也是无源元件、储存元件。

5. 电感的仿真

接有电感的 EWB 仿真的电路如图 5-7(a)所示,仿真结果如图 5-7(b)所示。

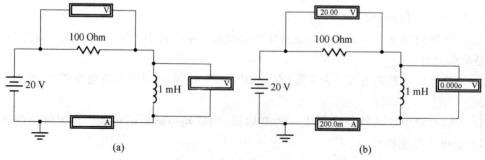

图 5-7　电感仿真

从图 5-7 仿真结果可以看出,信号源为直流电压源,电路中电流为常数,电感两端电压为零,说明对于直流电而言,电感相当于短路。

5.2.2 电感器的串联和并联

之前讨论了如何求得实际电路中多个电容串联或并联的等效电容,本节将讨论如何求得实际电路中多个电感串联或并联的等效电感。

1. 电感器的串联

把几个电感器首尾相接连成一个无分支的电路,称为电感器的串联(如图 5-8 所示)。

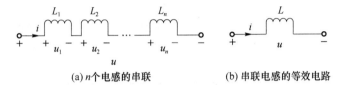

(a) n个电感的串联   (b) 串联电感的等效电路

图 5-8 电感器的串联

注意到流经各个电感的电流 i 是一样的,根据 KVL,端口电压

$$u = u_1 + u_2 + \cdots + u_n \tag{5-23}$$

由式(5-18)可知 $u = \dfrac{\mathrm{d}\psi}{\mathrm{d}t} = L\dfrac{\mathrm{d}i}{\mathrm{d}t}$,将该式代入式(5-23)可得:

$$
\begin{aligned}
u = L\frac{\mathrm{d}i}{\mathrm{d}t} &= L_1\frac{\mathrm{d}i_1}{\mathrm{d}t} + L_2\frac{\mathrm{d}i_2}{\mathrm{d}t} + \cdots + L_n\frac{\mathrm{d}i_n}{\mathrm{d}t} \\
&= L_1\frac{\mathrm{d}i}{\mathrm{d}t} + L_2\frac{\mathrm{d}i}{\mathrm{d}t} + \cdots + L_n\frac{\mathrm{d}i}{\mathrm{d}t} \\
&= (L_1 + L_2 + \cdots + L_n)\frac{\mathrm{d}i}{\mathrm{d}t}
\end{aligned}
\tag{5-24}
$$

由式(5-24)可得: $\qquad L = (L_1 + L_2 + \cdots + L_n) \tag{5-25}$

因此由式(5-25)可知:串联电感器总电感等于各电感器的电感之和。

2. 电感器的并联

把几个电感器的一端连在一起,另一端也连在一起的连接方式称为电感器的并联(如图 5-9 所示)。

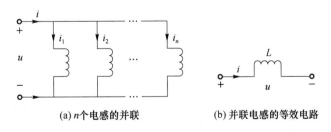

(a) n个电感的并联   (b) 并联电感的等效电路

图 5-9 电感器的并联

注意到各个电感器两端电压相同:

$$u = u_1 = u_2 = \cdots = u_n \tag{5-26}$$

根据 KCL,有:

$$i = i_1 + i_2 + \cdots + i_n \tag{5-27}$$

由式(5-19)可得：

$$i = i(t_0) + \frac{1}{L}\int_{t_0}^{t} u\mathrm{d}\xi = i_1 + i_2 + \cdots + i_n$$

$$= i_1(t_0) + \frac{1}{L_1}\int_{t_0}^{t} u\mathrm{d}\xi + i_2(t_0) + \frac{1}{L_2}\int_{t_0}^{t} u\mathrm{d}\xi + \cdots + i_n(t_0) + \frac{1}{L_n}\int_{t_0}^{t} u\mathrm{d}\xi$$

$$= i_1(t_0) + i_2(t_0) + \cdots + i_n(t_0) + \left(\frac{1}{L_1} + \frac{1}{L_2} + \cdots + \frac{1}{L_n}\right)\int_{t_0}^{t} u\mathrm{d}\xi \tag{5-28}$$

由式(5-28)可得：

$$\frac{1}{L} = \left(\frac{1}{L_1} + \frac{1}{L_2} + \cdots + \frac{1}{L_n}\right) \tag{5-29}$$

因此由式(5-29)可知：并联电感器的总电感的倒数等于各个电感器的电感倒数之和。

习　题　五

5.1　一个 200 μF 的电容器，其两端电压为：

$$v(t) = \begin{cases} 50t \quad \mathrm{V} & 0 < t < 1 \\ 100 - 50t \quad \mathrm{V} & 1 < t < 3 \\ -200 + 50t \quad \mathrm{V} & 3 < t < 4 \\ 0 \quad \mathrm{V} & \text{其他} \end{cases}$$

计算流经它的电流。

5.2　一个初始未充电的 1 mF 电容器，流经它的电流如图 5-10 所示。计算其在 $t=2$ ms 和 $t=5$ ms 时的两端电压。

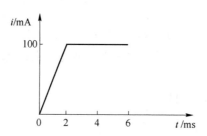

图 5-10　习题 5.2 图

5.3　求图 5-11 所示电路从端点处看的等效电容。

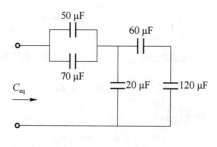

图 5-11　习题 5.3 图

5.4　若流经 1 mH 电感的电流是 $i(t) = 20\cos100t$ mA，求电感两端电压和它储存的能量。

5.5　若一个 5 H 的电感，其两端电压为：

$$v(t) = \begin{cases} 30t^2 & t>0 \\ 0 & t<0 \end{cases}$$

求流经它的电流和在 $0<t<5s$ 期间所存储的能量。

5.6　求图 5-12 所示电感阶梯网络的等效电感。

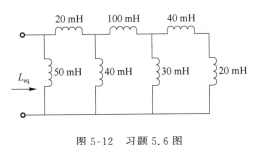

图 5-12　习题 5.6 图

本 章 小 结

1. 流经电容器的电流直接正比于其两端电压随时间的变化率：

$$i = C\frac{\mathrm{d}u}{\mathrm{d}t}$$

若电压不随时间变化，则流过电容器的电流为零，所以对直流电源而言，电容器相当于开路。

2. 电容器两端的电压直接正比于流过它的电流对时间的积分：$u(t) = \dfrac{1}{C}\displaystyle\int_{-\infty}^{t} i\mathrm{d}\xi = u(t_0) + \dfrac{1}{C}\displaystyle\int_{t_0}^{t} i\mathrm{d}\xi$ 电容器两端的电压不能突变。

3. 任一给定时刻 t，存储于电容器的能量为：

$$W_C = \frac{1}{2}Cu^2(t)$$

4. 多个电容器的串联和并联，其算法与电导的串并联相同。

5. 电感器两端的电压直接正比于流过它的电流随时间的变化率：

$$u = L\frac{\mathrm{d}i}{\mathrm{d}t}$$

若电流不随时间变化，则电感两端电压为零，所以对直流电源而言，电感器相当于短路。

6. 流过电感器的电流直接正比于其两端电压对时间的积分：$i(t) = \dfrac{1}{L}\displaystyle\int_{-\infty}^{t} u\mathrm{d}\xi = i(t_0) + \dfrac{1}{L}\displaystyle\int_{t_0}^{t} u\mathrm{d}\xi$ 流过电感器的电流不能突变。

7. 任一给定时刻 t，存储于电感器的能量为：

$$W_L(t) = \frac{1}{2}Li^2(t)$$

8. 多个电感器的串联和并联,其算法与电阻的串并联相同。

习题五参考答案

5.1 $\quad i(t) = \begin{cases} 10\ \text{mA} & 0 < t < 1 \\ -10\ \text{mA} & 1 < t < 3 \\ 10\ \text{mA} & 3 < t < 4 \\ 0 & \text{其他} \end{cases}$

5.2 $\quad 100\ \text{mV}, 400\ \text{mV}$

5.3 $\quad 40\ \mu\text{F}$

5.4 $\quad -2\sin 100t\ \text{mV}, 0.2\cos^2 100t\ \mu\text{J}$

5.5 $\quad i = 2t^3\ \text{A}, w = 156.25\ \text{KJ}$

5.6 $\quad 25\ \text{mH}$

第6章 一阶电路的时域分析

6.1 动态电路的方程及初始条件

电路有两个状态:暂态和稳态。所谓稳态就是电路在直流或正弦交流激励下,其响应仍为直流或正弦交流。前面第 2 章到第 5 章,讲到的电路均为稳态电路。所谓暂态是指电路中有储能元件(电容和电感),且电路出现换路时,电路将从一个稳态过渡到一个新的稳态,这个过渡过程称为暂态。将含有储能元件的电路称为动态电路。

前面讲过,电容和电感的 VCR 是对时间变量 t 的微分和积分关系,所以动态电路用微分方程来描述。动态电路方程的阶数等于电路中动态元件的个数。分析动态电路的暂态响应,就是求解微分方程。求解过程中,定积分系数的确定需根据初始条件来确定。动态电路中,只有 $u_C(0_+)$ 和 $i_L(0_+)$ 为独立初始条件,其余为非独立初始条件。下面就分别分析电容和电感元件的初始值。

当电路中开关断开或闭合,或者电路连接和参数发生变化时,将这一过程称为换路。电路换路时间十分短暂,可以近似认为是瞬间完成的。若认为换路是在 $t=0$ 时刻进行的,则用 $t=0_-$ 来表示换路前的最终时刻,用 $t=0_+$ 表示换路后的最初时刻,换路所需的时间是从 0_- 到 0_+。

对于线性电容元件,若换路前瞬时电容电压为 $u_C(0_-)$,换路后瞬时电容电压为 $u_C(0_+)$,则

$$u_C(0_+) = u_C(0_-) + \frac{1}{C}\int_{0_-}^{0_+} i_C(\xi)\mathrm{d}\xi \tag{6-1}$$

式中 i_C 为电容电流。在换路前后瞬间,i_C 为有限值,则上式积分项为 0,即

$$u_C(0_+) = u_C(0_-) \tag{6-2}$$

对于线性电感元件,若换路前瞬时电感电流为 $i_L(0_-)$,换路后瞬时电感电流为 $i_L(0_+)$,则

$$i_L(0_+) = i_L(0_-) + \frac{1}{L}\int_{0_-}^{0_+} u_L(\xi)\mathrm{d}\xi \tag{6-3}$$

式中 u_L 为电感电压。在换路前后瞬间,u_L 为有限值,则上式积分项为 0,即

$$i_L(0_+) = i_L(0_-) \tag{6-4}$$

将式(6-2)和式(6-4)称为换路定律,它只适用于换路的瞬间,而且是在电容电流和电感电压在有限值的条件下成立。换路定律反映了能量不能跃变的事实。根据换路定律可以求出

$t=0_+$ 时其余变量的初始值,具体步骤如下:

(1) 根据换路前的 $u_C(0_-)$ 和 $i_L(0_-)$,利用换路定律,求出 $u_C(0_+)$ 和 $i_L(0_+)$。

(2) 将换路后的电路中电容和电感分别用电压源和电流源代替,其值分别为 $u_C(0_+)$ 和 $i_L(0_+)$。这样画出一个等效电路。

(3) 在等效电路中求出非独立初始条件。

例 6-1 换路前电路达到稳态,在 $t=0$ 时将开关打开,求 $t=0_+$ 时刻各支路电流和电感电压。

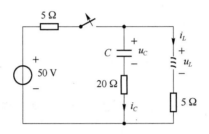

图 6-1 例 6-1 图

解:当开关打开前,电感短路,电容开路,其等效电路图如图 6-2 所示,则:

$$u_C(0_-)=50\times\frac{5}{5+5}=25 \text{ V}$$

$$i_L(0_-)=\frac{50}{5+5}=5 \text{ A}$$

由换路定律可得:

$$u_C(0_+)=u_C(0_-)=25 \text{ V}$$
$$i_L(0_+)=i_L(0_-)=5 \text{ A}$$

为了求 $t=0_+$ 时刻的其他初始值,可以把 $u_C(0_+)$ 和 $i_L(0_+)$ 分别以电压源和电流源代替,可得到 $t=0_+$ 时刻的等效电路如图 6-3 所示。则可以求出:

$$i_C(0_+)=-i_L(0_+)=-5 \text{ A}$$
$$u_L(0_+)=i_C(0_+)\times(20+5)+u_C(0_+)=100 \text{ V}$$

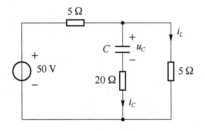

图 6-2 0_- 时刻等效电路

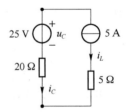

图 6-3 0_+ 时刻等效电路

6.2 一阶电路的零输入响应

一阶电路中只有一个储能元件电容或电感。如果动态电路中换路后没有独立电源,由储能元件的初始值作为激励产生的响应称为零输入响应。零输入响应实质就是储能元件释放能量的过程。下面就分别讨论两种一阶电路的零输入响应。

6.2.1　*RC* 电路的零输入响应分析

由电阻和电容构成的电路称为 *RC* 电路,如图 6-4(a)所示。换路之前,开关 k 闭合在位置"1"上,电源对电容充电,且已达到稳定状态。此时电容两端电压 $u_C = u_0$。

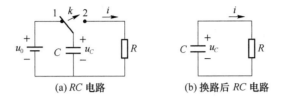

(a) *RC* 电路　　　　　　(b) 换路后 *RC* 电路

图 6-4　*RC* 电路零输入响应

在 $t = 0$ 时刻开关从位置"1"闭合到位置"2",此时已无激励源,电容通过电阻释放能量,电路可等效为图 6-4(b)。由换路定律可得电容的初始电压 $u_C(0_+) = u_C(0_-) = u_0$。由 KVL 和 VCR 可得:

$$u_C - iR = 0$$

$$i = -C\frac{\mathrm{d}u_C}{\mathrm{d}t}$$

即:

$$RC\frac{\mathrm{d}u_C}{\mathrm{d}t} + u_C = 0 \tag{6-5}$$

这是一阶常系数线性齐次微分方程,其通解为:

$$u_C = A\mathrm{e}^{pt} \tag{6-6}$$

将式(6-6)代入式(6-5)后,可得特征方程为:

$$RCp + 1 = 0$$

则解得特征根为:

$$p = -\frac{1}{RC}$$

则式(6-6)的通解可化为:

$$u_C(t) = A\mathrm{e}^{-\frac{1}{RC}t} \quad t \geqslant 0 \tag{6-7}$$

将初始值 $u_C(0_+) = u_C(0_-) = u_0$ 代入式(6-7)可得:

$$A = u_0$$

从而得到电容电压的零输入响应为:

$$u_C(t) = u_0 \mathrm{e}^{-\frac{1}{RC}t} \quad t \geqslant 0 \tag{6-8}$$

回路中的电流和电阻电压相应也可以计算出来:

$$i(t) = -C\frac{\mathrm{d}u_C}{\mathrm{d}t} = \frac{u_0}{R}\mathrm{e}^{-\frac{1}{RC}t} \quad t \geqslant 0 \tag{6-9}$$

$$u_R(t) = u_C(t) = u_0 \mathrm{e}^{-\frac{1}{RC}t} \quad t \geqslant 0 \tag{6-10}$$

根据式(6-8)画出 u_C 和 t 的关系,如图 6-5 所示。可以看出,电容电压按指数规律衰减,当 $t \to \infty$ 时衰减到零,达到新的稳态。这实际上就是充满电的电容在换路后的放电过程。电容电压衰减的快慢取决于时间常数 τ 的大小,其中 $\tau=RC$,称为 RC 电路的时间常数,单位为秒。τ 越大,衰减得越慢,τ 越小,衰减的越快。式(6-8)中,令 $t=\tau$,可得 $u_C=0.368u_0$,也就是说,在 τ 时刻,电容电压衰减到初始电压的 36.8%,如图 6-5 所示。τ 越大,电容电压衰减到初始电压的 36.8% 所用的时间就越多,也就是说衰减越慢。与电阻和电容值有关,所以可以通过调节电阻或电容来控制电容放电速度。从理论上讲,$t=\infty$ 时电容上的电压才能衰减到零,电路达到新的稳态。实际上当 $t=5\tau$ 时,$u_C=0.007u_0$,此时电容电压已经接近于零,电容的放电过程基本结束,所以工程实践中一般认为经过 $3\tau\sim5\tau$ 的时间,就可以认为电路已经达到稳态。

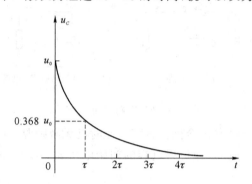

图 6-5 u_C 和 t 的关系曲线

例 6-2 如图 6-6 所示,$t=0$ 时刻将开关断开,求换路后电容电压和各支路电流。

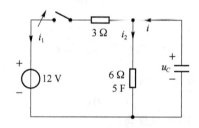

图 6-6 例 6-2 的图

解:开关断开前,电路达到稳态,电容相当于断路。可求得电容两端的电压为:

$$u_C(0_-)=12\times\frac{6}{3+6}=8 \text{ V}$$

开关断开后,电容开始放电,等效电路图如图 6-7 所示:

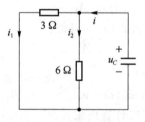

图 6-7 换路后电路

图中两个电阻并联,则可得到等效电阻 R:

$$R=\frac{3\times6}{3+6}=2 \text{ }\Omega$$

由换路定律可得:

$$u_C(0_+) = u_C(0_-) = 8 \text{ V}$$

可以算出时间常数为:

$$\tau = RC = 10 \text{ s}$$

则:

$$u_C = u_C(0_+)e^{-\frac{t}{\tau}} = 8e^{-\frac{t}{10}} \text{ V}$$

可以求得各支路电流为:

$$i = -C\frac{\mathrm{d}u_C}{\mathrm{d}t} = 4e^{-\frac{t}{10}} \text{ A}$$

$$i_1 = \frac{u_C}{3} = \frac{8}{3}e^{-\frac{t}{10}} \text{ A}$$

$$i_2 = \frac{u_C}{6} = \frac{4}{3}e^{-\frac{t}{10}} \text{ A}$$

6.2.2　*RL* 电路的零输入响应分析

由电阻和电感构成的电路称为 *RL* 电路,如图 6-8(a)所示。换路之前,开关 k 闭合,且已达到稳定状态,这时电感相当于短路,此时流过电感的电流为 $i_L = \dfrac{u_0}{R_1} = I_0$。

在 $t = 0$ 时刻开关断开,此时已无激励源,电感通过电阻释放能量,电路可等效为图 6-8(b)。由换路定律可得电感的初始电流 $i_L(0_+) = i_L(0_-) = I_0$。由 KVL 和 VCR 可得:

$$u_L - u_R = 0$$

$$u_L = -L\frac{\mathrm{d}i_L}{\mathrm{d}t}$$

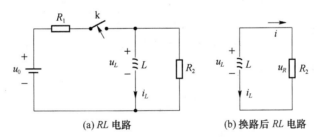

(a) *RL* 电路　　　　　　　　(b) 换路后 *RL* 电路

图 6-8　*RL* 电路零输入响应

则

$$L\frac{\mathrm{d}i_L}{\mathrm{d}t} + Ri_L = 0 \tag{6-11}$$

这是一阶常系数线性齐次微分方程,其通解为:

$$i_L = Ae^{pt} \tag{6-12}$$

将其代入式(6-11)后,可得相应的特征方程为:

$$Lp + R = 0$$

解得特征根为:

$$p = -\frac{R}{L}$$

则式(6-12)可化为：

$$i_L(t) = A e^{-\frac{L}{R}t} \qquad t \geqslant 0 \tag{6-13}$$

将初始值 $i_L(0_+) = i_L(0_-) = I_0$ 代入式(6-13)可得：

$$i_L(t) = I_0 e^{-\frac{R}{L}t} \qquad t \geqslant 0 \tag{6-14}$$

回路中的电感和电阻的电压相应也可以计算出来：

$$u_L(t) = -R I_0 e^{-\frac{R}{L}t} \qquad t \geqslant 0 \tag{6-15}$$

$$u_R(t) = R I_0 e^{-\frac{R}{L}t} \qquad t \geqslant 0 \tag{6-16}$$

与 RC 电路类似，令 $\tau = L/R$，它是 RL 电路的时间常数，单位为秒。RL 电路中各元件的变量都是以相同的衰减指数进行衰减的，衰减快慢取决于时间常数 τ 的大小。

例 6-3 图 6-9 所示电路，$t=0$ 时刻将开关从位置"1"闭合到位置"2"，换路前电路处于稳态，试求换路后电感电压和电流。

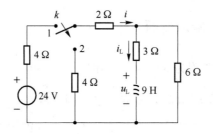

图 6-9 例 6-3 图

解： 换路前电路达到稳态，则电感短路，可以算出其电流 i 为：

$$i(0_-) = \frac{24}{4+2+3+6} = 3 \text{ A}$$

由分流可算出：

$$i_L(0_-) = i(0_-) \times \frac{6}{3+6} = 2 \text{ A}$$

开关切换后，电路如图 6-10 所示：

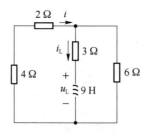

图 6-10 等效电路图

可以求得电路的等效电阻 R 为：

$$R = (2+4) /\!/ 6 + 3 = 6 \text{ } \Omega$$

从而求得该电路的时间常数为：

$$\tau = \frac{L}{R} = 1.5 \text{ s}$$

由换路定律可得：

$$i_L(0_+) = i_L(0_-) = 2 \text{ A}$$

则流过电感的电流为：

$$i_L = i_L(0_+)\mathrm{e}^{-\frac{t}{\tau}} = 2\mathrm{e}^{-\frac{t}{1.5}} \text{ A}$$

从而算得电感两端的电压为：

$$u_L(t) = -Ri_L(0_+)\mathrm{e}^{-\frac{t}{\tau}} = -12\mathrm{e}^{-\frac{t}{1.5}} \text{ V}$$

6.2.3　一阶电路的零输入响应仿真

　　为了验证例 6-2 的计算结果，对其进行 EWB 仿真。开关断开前，电路处于稳定状态，此时电容相当于开路，如图 6-11(a) 所示，用直流电压表测量电容两端的电压即为初始电压值 $u_C(0_+)$，其测量结果如图 6-11(b) 所示。开关断开后，其等效电阻 R 测量仿真图如图 6-11(c) 所示。

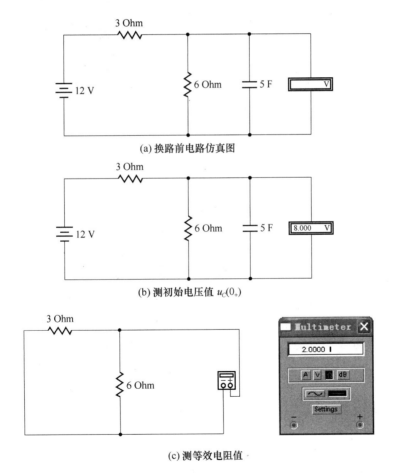

(a) 换路前电路仿真图

(b) 测初始电压值 $u_C(0_+)$

(c) 测等效电阻值

图 6-11　例 6-2 仿真图

　　由于 $C=5$ F，则 RC 电路的时间常数 $\tau = RC = 10$ s。故 RC 电路的零输入响应为：

$$u_C = u_C(0_+)\mathrm{e}^{-\frac{t}{\tau}} = 8\mathrm{e}^{-\frac{t}{10}} \text{ V}$$

可以看出，仿真结果与例 6-2 的计算结果完全相同。

　　同理，对例 6-3 中 RL 电路的零输入响应进行 EWB 仿真如图 6-12 所示。

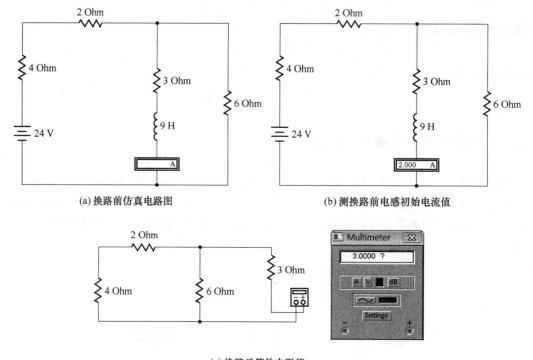

(a) 换路前仿真电路图   (b) 测换路前电感初始电流值

(c) 换路后等效电阻值

图 6-12　例 6-3 仿真

由图 6-13 结果可以得到 RL 电路的零状态响应为：

$$i_L = i_L(0_+) e^{-\frac{t}{\tau}} = 2e^{-\frac{t}{1.5}} \text{ A}$$

与例 6-3 所求结果相同。

6.3　一阶电路的零状态响应

若动态电路储能元件在换路前没有能量,即初始值为零,换路之后仅由电源产生的响应称为零状态响应。零状态响应实际上是储能元件储存能量的过程。本节讨论 RC 和 RL 两种一阶动态电路的零状态响应。

6.3.1　RC 电路的零状态响应

图 6-13 所示 RC 电路中,开关 k 闭合前电容未充电,即电容的初始状态为 $u_C(0_-) = 0$。在 $t=0$ 时开关闭合,电容开始充电,列出 KVL 方程：

$$u_R + u_C = u_S$$

根据电阻、电容的 VCR 可得：

$$u_R = iR$$

$$i = C \frac{\mathrm{d}u_C}{\mathrm{d}t}$$

整理可得：

$$RC\frac{\mathrm{d}u_C}{\mathrm{d}t}+u_C=u_S \tag{6-17}$$

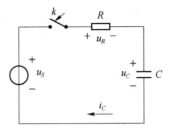

图 6-13　RC 零状态响应

式(6-17)是一阶线性非齐次常微分方程。该方程的通解由两部分组成：

$$u_C=u_C'+u_C''$$

其中，u_C' 为方程的特解，u_C'' 是对应的齐次方程的通解。式(6-17)对应的齐次方程为：

$$RC\frac{\mathrm{d}u_C}{\mathrm{d}t}+u_C=0$$

可见其与式(6-5)相同，则可得：

$$u_C''=A\mathrm{e}^{-\frac{t}{RC}}$$

由于激励为直流电源，即式(6-17)右边为常量，则其特解也为一常量，设 $u_C'=P$，代入式(6-17)可得：

$$u_C'=P=u_S$$

则式(6-17)的通解为：

$$u_C=u_S+A\mathrm{e}^{-\frac{t}{\tau}}$$

由换路定律可得 $u_C(0_+)=u_C(0_-)=0$，代入式(6-17)可得：

$$A=-u_S$$

那么电容电压为：

$$u_C=u_S(1-\mathrm{e}^{\frac{1}{RC}})\quad t\geqslant0 \tag{6-18}$$

可以算出电路中的电流和电阻的电压为：

$$i(t)=\frac{u_S}{R}\mathrm{e}^{-\frac{1}{RC}}\quad t\geqslant0$$

$$u_R(t)=u_S\mathrm{e}^{-\frac{1}{RC}}\quad t\geqslant0$$

图 6-14 实线画出了电容电压、电流和电阻电压的波形，它们均按同一指数规律变化，变化快慢与时间常数 $\tau=RC$ 有关。可以看出零状态响应就是对电容的充电过程，刚开始电容电压为零，然后指数增长，达到稳态时，其值为电源电压。

电容电压由两部分组成，其中特解就是达到稳态时的值，其形式和电源有关，如果电源为直流，则稳态值也是直流，如果电源为正弦信号，则稳态响应也为正弦的。

例 6-4　图 6-15 所示电路中，在 $t=0$ 时开关闭合，电容的初始状态为 $u_C(0_-)=0$，求开关闭合后电容电压和电流。

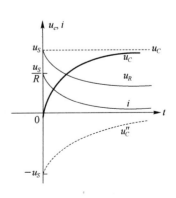

图 6-14　u_C,i 的波形

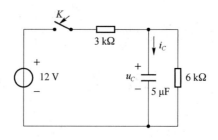

图 6-15　例 6-4 电路

解：由换路定律可得：

$$u_C(0_+) = u_C(0_-) = 0$$

当 $t \to \infty$ 时，$u_C(\infty) = 12 \times \dfrac{6}{3+6} = 8 \text{ V}$

电路的等效电阻为：

$$R = 3P6 = 2 \ \Omega$$

时间常数为：

$$\tau = RC = 0.01 \text{ s}$$

则电容的电压为：

$$u_C = u_C(\infty)(1 - e^{-\frac{t}{\tau}}) = 8(1 - e^{-100t}) \text{ V}$$

电容的电流为：

$$i_C = \dfrac{u_S}{R} e^{-\frac{t}{\tau}} = 4e^{-100t} \text{ A}$$

6.3.2　*RL* 电路的零状态响应

图 6-16 所示 *RL* 电路中，开关 *k* 闭合前电容未充电，即电感的初始状态为 $i_L(0_-) = 0$。

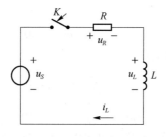

图 6-16　*RL* 零状态响应

在 $t = 0$ 时开关闭合，电感开始充电，列出 KVL 方程：

$$u_R + u_L = u_S$$

根据电阻、电容的 VCR 可得：

$$u_R = i_L R$$

$$u_L = C \dfrac{\mathrm{d} i_L}{\mathrm{d} t}$$

整理可得：

$$L\frac{\mathrm{d}i_L}{\mathrm{d}t}+Ri_L=u_s \tag{6-21}$$

该式和式(6-11)一样为一阶线性非其次常微分方程,可以用相同的方法解出电感电流:

$$i_L(t)=\frac{u_s}{R}(1-\mathrm{e}^{-\frac{t}{\tau}})t\geqslant0 \tag{6-22}$$

其中 $\tau=\dfrac{L}{R}$ 为时间常数。

可以算出电阻和电感的电压为:

$$u_L(t)=u_s\mathrm{e}^{-\frac{t}{\tau}}t\geqslant0 \tag{6-23}$$

$$u_R(t)=u_s(1-\mathrm{e}^{-\frac{t}{\tau}})t\geqslant0 \tag{6-24}$$

例 6-5　如图 6-17(a)所示,在 $t=0$ 时 ,打开开关 K,换路前电路处于稳定状态,求换路后的电感电流 i_L 和电压 u_L。

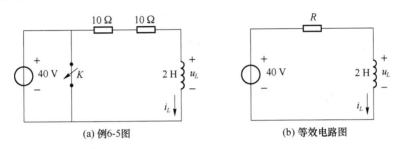

(a) 例6-5图　　　　　　　　　(b) 等效电路图

图 6-17　例 6-5 电路

解:换路前开关闭合,所以电感的初始电流为:

$$i_L(0_-)=0$$

开关闭合后,电源开始对电感充电,此时电路的响应为零状态响应。当 $t\to\infty$,电感电流为:

$$i_L(\infty)=\frac{40}{10+10}=2\text{ A}$$

电路的等效电阻为:

$$R=10+10=20\ \Omega$$

此时电路可等效为图 6-15(b)。

电路时间常数为:

$$\tau=\frac{L}{R}=0.1\text{ s}$$

则电感的电流为:

$$i_L=\frac{u_s}{R}(1-\mathrm{e}^{-\frac{t}{\tau}})=2(1-\mathrm{e}^{-10t})\text{ A}$$

电感的电压为:

$$u_L=40\mathrm{e}^{-10t}\text{ V}$$

6.3.3　一阶电路的零状态响应仿真

为了验证例 6-4 的结果,对其进行 EWB 仿真。开关闭合后的仿真电路如图 6-18(a)所示。当电路稳定后,直流电压表的读数就是电容两端的稳态电压值。

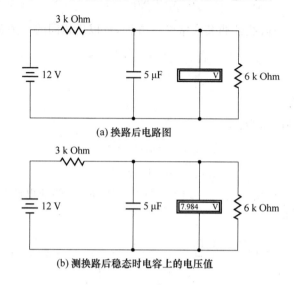

(a) 换路后电路图

(b) 测换路后稳态时电容上的电压值

图 6-18　例 6-4 仿真图

开关闭合后的等效电阻 $R=2\ \Omega$,其时间常数为 $\tau=RC=0.01$ s,则:

$$u_C=u_C(\infty)(1-\mathrm{e}^{-\frac{t}{\tau}})=8(1-\mathrm{e}^{-100t})\ \mathrm{V}$$

其结果与例 6-4 相同。

同理,可对例 6-5 中 RL 电路的零输入响应进行 EWB 仿真。

6.4　一阶电路的全响应

前面分析了一阶电路的零输入和零状态响应,在此基础上我们来讨论一阶电路的全响应。如果动态电路中有电源激励,而且储能元件的初始状态不为零,由此产生的响应为全响应。下面我们就以一阶 RC 电路为例来分析其全响应。

6.4.1　一阶电路的全响应分析

如图 6-19 所示的 RC 电路,设开关闭合前电容的电压为 $u_C(0_-)=u_0$。开关在 $t=0$ 时闭合,根据 KVL、电阻和电容的 VCR 可得:

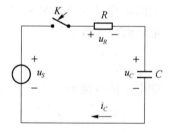

图 6-19　RC 全响应

$$u_R+u_C=u_S$$

$$u_R=iR$$

$$i=C\frac{\mathrm{d}u_C}{\mathrm{d}t}$$

从而得到:

$$RC\frac{\mathrm{d}u_C}{\mathrm{d}t}+u_C=u_S \qquad\qquad (6\text{-}25)$$

可见其和 RC 电路的零状态响应方程一样,也是一阶线性非其次常微分方程,只是此时电容的初始电压不是为零。可以用同样的方法求得：

$$u_C(t) = u_S + (u_0 - u_S)\mathrm{e}^{-\frac{t}{\tau}} \tag{6-26}$$

其中，$\tau = RC$，为时间常数。

可以看出，当 $t \to \infty$ 时，$u_C(t) \to u_S$，称 u_S 是稳态响应，当 $t \to \infty$ 时，$(u_0 - u_S)\mathrm{e}^{-\frac{t}{\tau}} \to 0$，称其为暂态响应。那么全响应可分解为暂态响应和稳态响应之和。

将式(6-21)变形为：

$$u_C(t) = u_S(1 - \mathrm{e}^{-\frac{t}{\tau}}) + u_0\mathrm{e}^{-\frac{t}{\tau}}$$

可见，和式第一项为电路的零状态响应，第二项为零输入响应，则电路的全响应由可分解为零输入响应和零状态响应的和。

对于全响应不管采用哪种分法，其都是由初始值、稳态值和时间常数这三个参数决定的。在直流电源激励下，若设 $f(t)$ 为一阶电路的全响应（可以是电压也可以是电流），$f(0_+)$ 为全响应的初始值，$f(\infty)$ 为稳态值，τ 为时间常数，则：

$$f(t) = f(\infty) + [f(0_+) - f(\infty)]\mathrm{e}^{-\frac{t}{\tau}} \tag{6-27}$$

利用 $f(0_+)$、$f(\infty)$、τ 可以求出直流电源激励下，任一一阶电路的全响应，称此方法为三要素法，具体步骤如下：

1）确定初始值 $f(0_+)$。根据换路定律，求出 $t=0_-$ 时刻的值，即求出 $t=0_+$ 时的值。

2）求稳态值 $f(\infty)$。画出 $t \to \infty$ 时的等效电路，即电容开路，电感短路，求解稳态值。

3）求时间常数 τ。RC 电路中 $\tau = RC$，RL 电路中 $\tau = \dfrac{L}{R}$。其中 R 是将独立电源置零后，从电容或电感看过去的等效电阻。

在 $0 < t < \infty$。根据三要素法公式，得到一阶电路的全响应为：

$$f(t) = f(\infty) + [f(0_+) - f(\infty)]\mathrm{e}^{-\frac{t}{\tau}} \quad t > 0 \tag{6-23}$$

若在换路时刻 $t = t_0 \neq 0$，则全响应为：

$$f(t) = f(\infty) + [f(0_+) - f(\infty)]\mathrm{e}^{-\frac{t-t_0}{\tau}} \quad t > t_0 \tag{6-24}$$

零输入响应和零状态响应可以看作全响应的特殊情况，也可用三要素求解。

例 6-6 如图 6-20 所示开关闭合前电路已处于稳定状态，$t=0$ 时开关闭合，求 $t>0$ 时的 i_L。

解：用三要素法求该一阶电路的全响应。首先求初始值。开关闭合前电路已到稳态，所以电感短路，则：

$$i_L(0_-) = \frac{12}{3+3} = 2\ \mathrm{A}$$

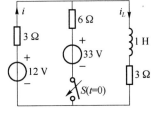

图 6-20 例 6-6 图

利用换路定律可得：

$$i_L(0_+) = i_L(0_-) = 2\ \mathrm{A}$$

开关闭合后，当 t 趋向于无穷时，电感短路，可得其电流为：

$$i_L(\infty) = \left(\frac{12}{3} + \frac{33}{6}\right) \times \frac{2}{2+3} = 3.8\ \mathrm{A}$$

电路的等效电阻为：

$$R = 3\mathrm{P}6 + 3 = 5\ \Omega$$

则电路的时间常数为：

$$\tau = \frac{L}{R} = 0.2 \text{ s}$$

那么,电感的电流为:

$$i_L = 3.8 - 1.8e^{-5t} \text{ A}$$

6.4.2 一阶电路的全响应仿真

利用电路的三要素方法对例 6-6 进行 EWB 仿真分析。

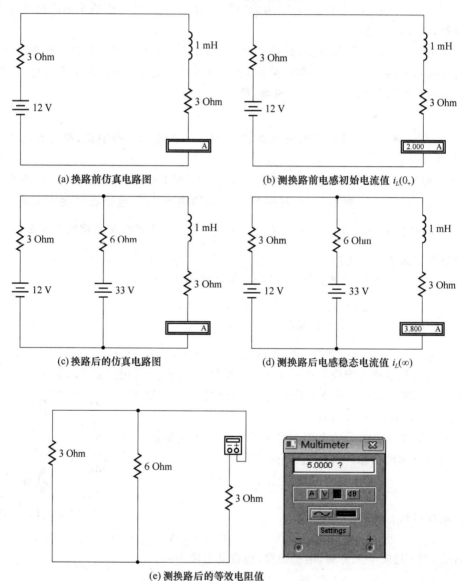

(a) 换路前仿真电路图   (b) 测换路前电感初始电流值 $i_L(0_+)$

(c) 换路后的仿真电路图   (d) 测换路后电感稳态电流值 $i_L(\infty)$

(e) 测换路后的等效电阻值

图 6-21   一阶 RL 电路全响应的求解电路

6.5　一阶电路的阶跃响应

为了描述动态电路的换路变化,常常引入奇异函数。单位阶跃函数 $\varepsilon(t)$ 是一种奇异函数,其定义为:

$$\varepsilon(t)=\begin{cases}1 & t\geqslant 0\\ 0 & t<0\end{cases} \tag{6-25}$$

其波形如图 6-22 所示,单位阶跃函数在 $t=0$ 时刻发生跳变。用它可以很方便地表示激励接入电路的时刻以及断开的时刻。

一般的阶跃函数表示为:

$$k\varepsilon(t)=\begin{cases}k & t\geqslant 0\\ 0 & t<0\end{cases} \tag{6-26}$$

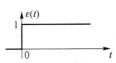

图 6-22　单位阶跃函数

若在 $t=t_0$ 时刻发生跃变,则延迟单位阶跃函数表示为:

$$\varepsilon(t-t_0)=\begin{cases}1 & t\geqslant t_0\\ 0 & t<t_0\end{cases} \tag{6-27}$$

它可以看作是 $\varepsilon(t)$ 在时间轴上平移了 t_0,所以 $\varepsilon(t-t_0)$ 被称为延时单位阶跃函数,其波形如图 6-23 所示。

当外加激励为单位阶跃函数时,则电路的零状态响应被称为单位阶跃响应,用 $g(t)$ 表示。将单位阶跃函数作为激励,就像是直流电源接入电路,则求电路的单位阶跃响应其实就是求其零状态响应,仍然可以用三要素法。下面以 RC 电路为例说明。

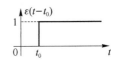

图 6-23　$\varepsilon(t-t_0)$ 波形

例 6-7　图 6-20(a)所示 RC 电路中,其激励 u_S 的波形如图 6-24(b)所示,若以 $u_C(t)$ 为响应,求电容的电压。

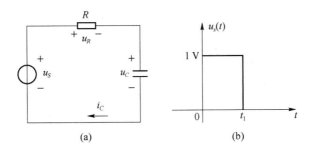

(a)　　　　　　　　　　(b)

图 6-24　例 6-7 图

解:在图 6-20(a)中,当 $u_S=\varepsilon(t)$,用三要素法求单位阶跃响应。电容电压的初始值为零,即

$$u_C(0_+)=u_C(0_-)=0$$

电容电压稳态值为:

$$u_C(\infty)=1$$

电路的时间常数为:

$$\tau=RC$$

则此 RC 电路的单位阶跃响应为：

$$g(t)=(1-\mathrm{e}^{-\frac{t}{\tau}})\varepsilon(t)$$

图 6-20(b)所示的激励 u_S，用单位阶跃函数表示为：

$$u_S(t)=\varepsilon(t)-\varepsilon(t-t_1)$$

则电路的零状态响应为：

$$u_C(t)=(1-\mathrm{e}^{-\frac{t}{\tau}})\varepsilon(t)-(1-\mathrm{e}^{-\frac{t-t_1}{\tau}})\varepsilon(t-t_1)$$

6.6 一阶电路的冲激响应

单位冲激函数用 $\delta(t)$ 表示，其定义为：

$$\begin{cases} \delta(t)=0 & t\neq 0 \\ \int_{-\infty}^{\infty}\delta(t)\mathrm{d}t=1 \end{cases} \tag{6-28}$$

其波形如图 6-25(a)所示。冲击函数类似于矩形脉冲函数，只是脉冲宽度很窄，趋近于零，高度很高，趋近于无穷大，面积为1。图 6-25 中箭头旁边标的数字1也就是说这个冲击量的面积为1。自然界中的雷电、电容突然短路等都是在极短时间内出现很大的电流，那么就可以用冲击函数来表示。如果冲击波发生在 $t=t_1$ 时刻，其波形如图 6-25(b)所示，单位冲激函数表示为 $\delta(t-t_1)$。

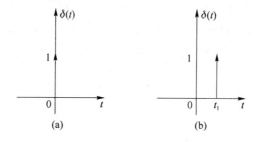

图 6-25 冲激函数波形

单位冲击函数和单位阶跃函数之间可以互相转化：

对单位阶跃函数求一阶导数则为冲激函数，即 $\dfrac{\mathrm{d}\varepsilon(t)}{\mathrm{d}t}=\delta(t)$；对单位冲激函数求积分即为单位阶跃函数，即 $\int_{-\infty}^{t}\delta(t)\mathrm{d}t=\varepsilon(t)$。

当外加激励为单位冲击函数时，则电路的零状态响应被称为单位冲击响应，用 $h(t)$ 表示。下面就以 RC 电路为例，分析一阶动态电路的单位冲击响应。

例 6-8 例 6-7 图 6-20(a)所示 RC 电路中，将其激励 u_S 换作单位冲击函数，若以 $u_C(t)$ 为响应，求电路的零状态响应。

解：由 KCL、电阻和电容的 VCR 可得：

$$RC\frac{\mathrm{d}u_C}{\mathrm{d}t}+u_C=\delta(t) \quad t\geqslant 0$$

可得到方程的解为：

$$u_C(t)=u_C(0_+)\mathrm{e}^{-\frac{t}{\tau}}$$

其中 $\tau=RC$ 为电路的时间常数。

下面来求电容电压的初始条件 $u_C(0_+)$。把方程两边同时积分可得：

$$\int_{0_-}^{0_+} RC\frac{\mathrm{d}u_C}{\mathrm{d}t}\mathrm{d}t+\int_{0_-}^{0_+}u_C\mathrm{d}t=\int_{0_-}^{0_+}\delta(t)\mathrm{d}t$$

由于 u_C 为有限值，该项积分为 0。所以上式可化为：

$$RC[u_C(0_+)-u_C(0_-)]=1$$

由于 $u_C(0_-)=0$，则

$$u_C(0_+)=\frac{1}{RC}$$

则由 $u_C(0_+)$ 引起的响应即为单位冲激响应为：

$$h(t)=u_C=u_C(0_+)\mathrm{e}^{-\frac{t}{\tau}}=\frac{1}{RC}\mathrm{e}^{-\frac{t}{\tau}}\varepsilon(t)$$

习　题　六

6.1　图 6-26 电路中开关 S 在 $t=0$ 时刻由 1 合向 2，换路前电路处于稳态。试求 $t=0_+$ 时 u_C、i_C。

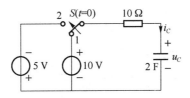

图 6-26　习题 6.1 图

6.2　图 6-27 所示电路，$t=0$ 时开关 S 打开，换路前电路已处于直流稳态。试求换路后电感电流 i 并画出其波形。

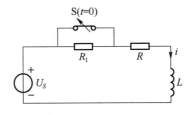

图 6-27　习题 6.2 图

6.3　在图 6-28 所示电路中，求 $t\geqslant0$ 时的 $i_L(t)$ 和 $u_L(t)$。

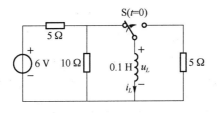

图 6-28　习题 6.3 图

6.4 图 6-29 所示电路，$t=0$ 时刻开关 S 闭合，换路前电路已处于稳态。求换路后 u_C 和 i_C。

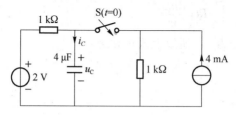

图 6-29 习题 6.4 图

6.5 图 6-30 所示电路换路前处于稳态，试用三要素法求换路后的全响应 u_C。图中 $C=0.01$ F，$R_1=R_2=10$ Ω，$R_3=20$ Ω，$U_S=10$ V，$I_S=1$ A。

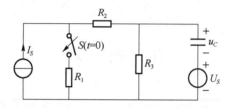

图 6-30 习题 6.5 图

6.6 电路如图 6-31 所示，$t=0$ 时开关 S 闭合，且开关 S 闭合前电容未充电。试用三要素法求换路后电容和各电阻的电压。

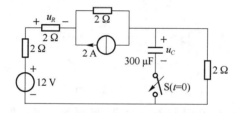

图 6-31 习题 6.6 图

6.7 如图 6-32 所示电路，电源为一矩形脉冲电流，求阶跃响应 u_C。

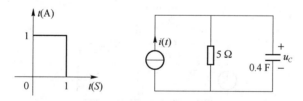

图 6-32 习题 6.7 图

6.8 图 6-33 所示，$t<0$ 时开关 S 打开，电路处于稳定状态，在 $t=0$ 时闭合开关 S，求 $t>0$ 时的响应 $u_L(t)$。

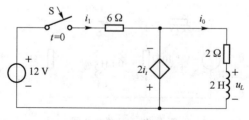

图 6-33 习题 6.8 图

6.9　图 6-34(a)所示零状态电路，u_S 的波形如图 6-34(b)所示，求 $u(t)$。

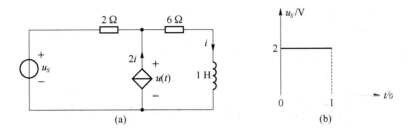

(a)　　　　　　　　　(b)

图 6-34　习题 6.9 图

习题六参考答案

6.1　$u_C(0_+)=10$ V，$i_C(0_+)=-1.5$ A

6.2　$i=\dfrac{U_s}{R_1+R}+\dfrac{U_sR_1}{R(R_1+R)}e^{-\frac{R_1+R}{L}t}$

6.3　$i_L(t)=1.2e^{-50t}$ A　$u_L(t)=-6e^{-50t}$ V

6.4　$u_C=3-e^{-500t}$ V，$i_C=2e^{-500t}$ mA

6.5　$u_C=-5+15e^{-10t}$ V

6.6　$u_C=2-2e^{-22222t}$ V，$u_R=2+\dfrac{2}{3}e^{-22222t}$ V

6.7　$u_C=5(1-e^{-0.5t})\varepsilon(t)-5(1-e^{-0.5(t-1)})\varepsilon(t-1)$ V

6.8　$u_L(t)=-6e^{-t}$ V

6.9　$u(t)=(3-e^{-4t})\varepsilon(t)-[3-e^{-4(t-1)}]\varepsilon(t-1)$

第7章 二阶电路的时域分析

第6章研究了含一个动态元件(C或L)的电路。由于描述一个动态元件电路的方程是一阶微分方程,所以称之为一阶电路。本章将研究含有两个(不能等效为一个)动态元件电路。下面将会看到,描述含有两个动态元件的电路方程是二阶微分方程,所以称之为二阶电路。二阶电路的分析方法是,依据 KCL 或 KVL 以及组成电路元件的 VCR 列出描述二阶电路的微分方程,然后通过解方程得出电路响应,并对响应加以分析。

由一阶电路的分析知道,换路以后电路的全响应等于零输入响应和零状态响应之和。零输入响应是由储能元件上原始储能引起的响应,而零状态响应是在假设储能元件上原始储能为零(零状态)的条件下由外加激励引起的响应。为了简单起见,本章首先讨论二阶电路的零输入响应,其次讨论二阶电路的阶跃响应和冲激响应,最后讨论一般二阶电路的分析方法。

7.1　二阶电路的零输入响应

零输入响应是由储能元件的原始储能引起的响应。首先研究最简单的二阶电路,即 RLC 串联电路的零输入响应。设图 8-1(a)所示电路已达稳态,开关 S 在 $t=0$ 时打开,$t \geqslant 0_+$ 时的电路如图 7-1(b)所示,该电路为 RLC 串联的零输入电路。由图 7-1(a)可以求出电路的初始条件,即

$$u_C(0_+) = u_C(0_-) = \frac{R}{R_1+R}U_S, \; i(0_+) = i(0_-) = \frac{U_S}{R_1+R}$$

因此,图 7-1(b)所示电路中的储能元件 C 和 L 上都有原始储能。当 $t \geqslant 0_+$ 时,电路在原始储能的作用下产生响应,下面求图 7-1(b)所示电路的零输入响应。

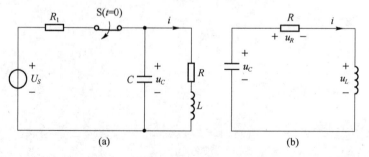

图 7-1　RLC 串联电路的零输入响应

首先列出图 7-1(b)所示电路的方程,根据 KVL,有

$$-u_C+u_R+u_L=0$$

设该状态变量 u_C 为方程变量,根据 $i=-C\dfrac{\mathrm{d}u_C}{\mathrm{d}t}$,$u_R=Ri$ 和 $u_L=L\dfrac{\mathrm{d}i}{\mathrm{d}t}$,代入上式方程整理得

$$LC\frac{\mathrm{d}^2u_C}{\mathrm{d}t^2}+RC\frac{\mathrm{d}u_C}{\mathrm{d}t}+u_C=0\quad t\geqslant 0_+ \tag{7-1}$$

该式是一个线性常系数二阶齐次微分方程。可见,含有两个动态元件的电路是由二阶微分方程描述的,所以称为二阶电路。

根据数学知识,设式(7-1)的解为 $u_C=A\mathrm{e}^{pt}\neq 0$,代入可得特征方程为

$$LCp^2+RCp+1=0$$

解出特征根为

$$p_1=-\frac{R}{2L}+\sqrt{\left(\frac{R}{2L}\right)^2-\frac{1}{LC}} \tag{7-2a}$$

$$p_2=-\frac{R}{2L}-\sqrt{\left(\frac{R}{2L}\right)^2-\frac{1}{LC}} \tag{7-2b}$$

可见,特征根和电路参数有关,参数不同其特征根的形式也不同。根据式(7-2)可以得出:

(1) 当 $R>2\sqrt{L/C}$ 时,特征根为两个不相等的负实根,称为过阻尼情况;

(2) 当 $R=2\sqrt{L/C}$ 时,特征根为两个相等的负实根,称为临界阻尼情况;

(3) 当 $R<2\sqrt{L/C}$ 时,特征根为两个共轭复根,称为欠阻尼情况。

下面按特征根的三种情况分别进行讨论。

7.1.1　过阻尼响应

在过阻尼情况下,因为 $R>2\sqrt{L/C}$,所以 $p_1\neq p_2$ 为两个不相等的负实根,因此式(7-1)的解由两个指数项构成,即

$$u_C=A_1\mathrm{e}^{p_1 t}+A_2\mathrm{e}^{p_2 t} \tag{7-3}$$

根据初始条件 $u_C(0_+)$ 和 $\dfrac{\mathrm{d}u_C}{\mathrm{d}t}\bigg|_{t=0_+}=-\dfrac{1}{C}i(0_+)$,得

$$\begin{cases} A_1+A_2=u_C(0_+) \\ p_1 A_1+p_2 A_2=-\dfrac{1}{C}i(0_+) \end{cases}$$

解该式可以求出常数 A_1 和 A_2,即

$$\begin{cases} A_1=\dfrac{p_2 u_C(0_+)+\dfrac{i(0_+)}{C}}{p_2-p_1} \\[4mm] A_2=-\dfrac{p_2 u_C(0_+)+\dfrac{i(0_+)}{C}}{p_2-p_1} \end{cases} \tag{7-4}$$

代入式(7-3)即可以得出响应 u_C。

由于 u_C 由两个指数衰减项组成,随着时间的推移它们均衰减为零,因此最后电路中的原

始储能全部被电阻消耗了。因为响应是非振荡衰减过程,所以称为过阻尼响应。利用 $i = -C\dfrac{\mathrm{d}u_C}{\mathrm{d}t}$ 和 $u_L = L\dfrac{\mathrm{d}i}{\mathrm{d}t}$ 可以求出电路电流和电感电压。u_C 和 i 的响应曲线如图 7-2 所示。

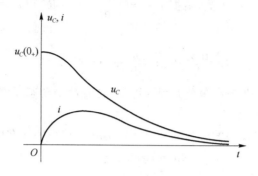

图 7-2　过阻尼响应曲线

7.1.2　临界阻尼响应

在临界阻尼情况下,因为 $R = 2\sqrt{L/C}$,所以特征方程的根为重根,即
$$p_1 = p_2 = -\frac{R}{2L} = -a$$

根据数学知识知,式(7-1)的解为
$$u_C = (A_1 + A_2 t)\mathrm{e}^{-at} \tag{7-5}$$

由初始条件 $u_C(0_+)$ 和 $\dfrac{\mathrm{d}u_C}{\mathrm{d}t}\Big|_{t=0_+} = -\dfrac{1}{C}i(0_+)$ 得
$$\begin{cases} A_1 = u_C(0_+) \\ A_2 = au_C(0_+) - \dfrac{1}{C}i(0_+) \end{cases} \tag{7-6}$$

代入式(7-5)即可以得出响应 u_C。

再利用 $i = -C\dfrac{\mathrm{d}u_C}{\mathrm{d}t}$ 和 $u_L = L\dfrac{\mathrm{d}i}{\mathrm{d}t}$ 可以求出电路电流和电感电压。u_C 和 i 响应曲线和阻尼情况类似。

7.1.3　欠阻尼响应

当 $R < 2\sqrt{L/C}$ 时,特征根为共轭复根,令
$$\alpha = \frac{R}{2L}, \quad \omega_0 = \frac{1}{\sqrt{LC}}, \quad \omega = \sqrt{\omega_0^2 - \alpha^2}$$

代入式(7-2),则共轭复根可表述为
$$p_1 = -\alpha + \mathrm{j}\omega, \quad p_2 = -\alpha - \mathrm{j}\omega$$

其中 $\mathrm{j} = \sqrt{-1}$,为虚数符号。

由于 $p_1 \neq p_2$,将 p_1、p_2 代入式(7-3),得
$$u_C = A_1\mathrm{e}^{(-\alpha+\mathrm{j}\omega)t} + A_2\mathrm{e}^{(-\alpha-\mathrm{j}\omega)t} = \mathrm{e}^{-\alpha t}(A_1\mathrm{e}^{\mathrm{j}\omega t} + A_2\mathrm{e}^{-\mathrm{j}\omega t})$$

利用欧拉公式 $e^{j\theta}=\cos\theta+j\sin\theta$ 和 $e^{-j\theta}=\cos\theta-j\sin\theta$，得

$$u_C=e^{-\alpha t}[A_1(\cos\omega t+j\sin\omega t)+A_2(\cos\omega t-j\sin\omega t)]$$
$$=e^{-\alpha t}[(A_1+A_2)\cos\omega t+j(A_1-A_2)\sin\omega t]$$

用 B_1、B_2 分别替换式中的 A_1+A_2 和 $j(A_1-A_2)$，则

$$u_C=e^{-\alpha t}(B_1\cos\omega t+B_2\sin\omega t) \tag{7-7}$$

由初始条件 $u_C(0_+)$ 和 $\dfrac{du_C}{dt}\Big|_{t=0_+}=-\dfrac{1}{C}i(0_+)$ 可以求出 B_1 和 B_2，即

$$\begin{cases}B_1=u_C(0_+)\\[2mm]B_2=\dfrac{1}{\omega}\Big[\alpha u_C(0_+)-\dfrac{1}{C}i(0_+)\Big]\end{cases} \tag{7-8}$$

根据三角函数关系，式(7-7)可以进一步写为

$$u_C=Ae^{-\alpha t}\sin(\omega t+\beta) \tag{7-9}$$

式中 $A=\sqrt{B_1^2+B_2^2}$，$\beta=\arctan(B_1/B_2)$。

利用 $i=-C\dfrac{du_C}{dt}$ 和 $u_L=L\dfrac{di}{dt}$ 可以求出电流和电感电压。u_C 的响应曲线如图 7-3 所示。

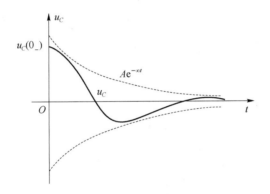

图 7-3　欠阻尼响应曲线

由图 7-3 可以看出，u_C 处于振荡衰减的过程中，同样 i 和 u_L 也是振荡衰减的。衰减规律取决于 $e^{-\alpha t}$，α 称为衰减因子，α 越大衰减越快。振荡频率为 ω，ω 越大，振荡周期越小，振荡越快。振荡和衰减的过程是由电路参数决定的。在该过程中，电容和电感在交替释放和吸收能量，而电阻始终在消耗电能，直到电路中的储能为零。

由以上分析知道，无论是过阻尼、欠阻尼还是临界阻尼的响应过程，电路中的原始储能都是逐渐衰减并最后到零。换句话说，电路中的储能均由电阻消耗了，因此，电阻的大小决定着暂态过程的长短。对于欠阻尼过程来说，如果令 $R=0$，则 $\alpha=0$，于是式(7-9)变为

$$u_C=A\sin(\omega_0 t+\beta)$$

可见，图 7-1(b)所示电路将进入无休止的振荡过程，因为电阻为零，所以该情况称为无阻尼情况；当 $0<R<2\sqrt{L/C}$ 时，由于电阻比较小，电路进入振荡响应过程，称为欠阻尼情况；当 $R>2\sqrt{L/C}$ 时，电路不再振荡，因为电阻增大了，所以称为过阻尼情况；由于 $R=2\sqrt{L/C}$ 是决定响应振荡与否的界限，所以称为临界阻尼情况。因此，它们对应的电路分别称为无阻尼电路、欠阻尼电路、过阻尼电路和临界阻尼电路等。

例 7-1　图 7-4(a)所示电路已达稳态，在 $t=0$ 时打开开关 S，试求 $t\geqslant0_+$ 时的电压 u_C 和电

流 i。

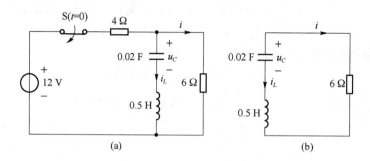

图 7-4　例 7-1 图

解　因为图 7-4(a)所示电路处于稳态，所以

$$u_C(0_-)=\frac{6}{4+6}\times 12=7.2\ \mathrm{V},\ i_L(0_-)=0\ \mathrm{A}$$

当 $t\geqslant 0_+$ 时电路如图 7-4(b)所示，该电视是零输入二阶电路，由换路定则得

$$u_C(0_+)=u_C(0_-)=7.2\ \mathrm{V},\ i_L(0_+)=i_L(0_-)=0\ \mathrm{A}$$

因为 $R=6\ \Omega$，$2\sqrt{L/C}=2\sqrt{0.5/0.02}=10$，所以满足 $R<2\sqrt{L/C}$，为欠阻尼情况，则

$$\alpha=\frac{R}{2L}=6,\ \omega_0=\frac{1}{\sqrt{LC}}=10,\ \omega=\sqrt{\omega_0^2-\alpha^2}=8$$

将以上参数和初始条件代入式(7-8)，得 $B_1=7.2$，$B_2=5.4$，进而可以得出 $A=9$，$\beta=53.1°$，再将 ω 和 A 代入式(7-9)，得

$$u_C=9\mathrm{e}^{-6t}\sin(8t+53.1°)\ \mathrm{V}$$

由 $i=-C\dfrac{\mathrm{d}u_C}{\mathrm{d}t}$ 求出电流，则

$$i=1.8\mathrm{e}^{-6t}\sin(8t)\ \mathrm{A}$$

7.2　二阶电路的零状态响应

本节仍以 RLC 串联电路为例，讨论二阶电路的零状态响应。当 RLC 串联电路接通正弦交流或其他形式的电压源时，自由分量与零输入响应情况完全一样，强制分量按微分方程求解的方法确定。与一阶电路一样，当激励是直流或正弦交流函数时，特解就是相应的稳态解。然后根据零初始条件确定积分常数，最终求出零状态响应。

如图 7-5 所示 RLC 串联电路，当 $t=0$ 时，开关 S 闭合，求零状态响应 $u_C(t)$。当 $t>0$ 时，列写回路的 KVL 方程

$$LC\frac{\mathrm{d}^2 u_C}{\mathrm{d}t^2}+RC\frac{\mathrm{d}u_C}{\mathrm{d}t}+u_C=U_s \tag{7-10}$$

初值 $\begin{aligned}u_C(0+)&=u(0-)=0\ \mathrm{V}\\ i(0+)&=i(0-)=0\ \mathrm{A}\end{aligned}$

方程的特解即为稳态解

$$u_{CP}(t)=U_s \tag{7-11}$$

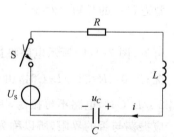

图 7-5　二阶电路的零状态响应

按照特征方程的根的不同情况,方程的通解即暂态解也分为三种情况:

(1) 设 $R>2\sqrt{\dfrac{L}{C}}$,则

$$u_{ch}(t)=A_1 e^{p_2 t}+A_2 e^{p_2 t} \tag{7-12}$$

(2) 设 $R=2\sqrt{\dfrac{L}{C}}$,则

$$u_{ch}(t)=(A_3+A_4 t)e^{pt} \tag{7-13}$$

(3) 设 $R<2\sqrt{\dfrac{L}{C}}$,则

$$u_{ch}(t)=A e^{-\delta t}\sin(\omega_d t+\theta) \tag{7-14}$$

式中,$\delta=\dfrac{R}{2L}$;$\omega_d=\sqrt{{\omega_0}^2-\delta^2}=\sqrt{\dfrac{1}{LC}-\left(\dfrac{R}{2L}\right)^2}$。

对于第一种情况 $R>2\sqrt{\dfrac{L}{C}}$,全解为

$$u_C(t)=u_{cp}(t)+u_{ch}(t)=U_S+A_1 e^{p_1 t}+A_2 e^{p_2 t} \tag{7-15}$$

$$i(t)=C\frac{\mathrm{d}u_c}{\mathrm{d}t}=C(A_1 p_1 e^{p_1 t}+A_2 p_2 e^{p_2 t}) \tag{7-16}$$

由初始条件

$$u_C(0+)=U_S+A_1+A_2=0$$
$$i(0+)=C(A_1 p_1+A_2 p_2)=0$$

联立方程得

$$A_1=\frac{-p_2 U_S}{p_2-p_1},\quad A_2=\frac{p_1 U_S}{p_2-p_1} \tag{7-17}$$

将 A_1,A_2 代入式(7-15)得

$$u_C(t)=U_S+\frac{U_S}{p_1-p_2}(p_2 e^{p_1 t}-p_1 e^{p_2 t}) \tag{7-18}$$

对于第二、第三种情况,可按同样方法求解,不再赘述。

在如图 7-5 所示电路中,若接通的直流电压源 $U_S=1\,\text{V}$,则对应的零状态响应即为单位阶跃响应。

7.3　二阶电路的全响应

在二阶动态电路中,既有激励电源储能元件又有初始储能元件,则此时电路的响应就是全响应。全响应的全解等于强制分量与自由分量之和,也等于零输入响应与零状态响应的叠加。全响应可以通过求解二阶非齐次方程的方法求得。

仍以如图 7-5 所示电路为例,而将初值改为 $u_C(0-)=U_0$,$i(0-)=0$,再求全响应 $u_C(t)$。

对于 $R>2\sqrt{\dfrac{L}{C}}$ 的过阻尼情况,$u_C(t)$,$i(t)$ 的全响应即是式(7-15)与式(7-16),由初始条件得

$$u_C(0+)=U_S+A_1+A_2=U_0$$

$$i(0+) = C(A_1 p_1 + A_2 p_2) = 0$$

解得

$$A_1 = \frac{-p_2(U_0 - U_S)}{p_1 - p_2}, A_2 = \frac{p_1(U_0 - U_S)}{p_1 - p_2} \tag{7-19}$$

于是全响应 $u_C(t)$ 为

$$u_C(t) = U_S - \frac{p_2(U_0 - U_S)}{p_1 - p_2}e^{p_1 t} + \frac{p_1(U_0 - U_S)}{p_1 - p_2}e^{p_2 t} \tag{7-20}$$

式(7-20)就等于式(7-18)与式(7-19)之和,由此说明了全响应等于零输入响应与零状态响应之和。

例 7-2 如图 7-6 所示电路中,$u_C(0-) = 0$ V,$i_L(0-) = 0$ A,$G = 2 \times 10^{-3}$ S,$C = 1$ μF,$L = 1$ H,$i_S = 1$ A,当 $t = 0$ 时把开关 S 打开。试求响应 i_L,u_C,和 i_C。

解:列出开关 S 打开后的电路微分方程为

$$LC\frac{\mathrm{d}^2 i_L}{\mathrm{d}t^2} + GL\frac{\mathrm{d}i_L}{\mathrm{d}t} + i_L = i_S$$

特征方程为

$$p^2 + \frac{G}{C}p + \frac{1}{LC} = 0$$

代入数据后可求得特征根为

$$p_1 = p_2 = p = -10^3$$

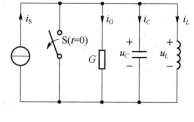

图 7-6 例 7-2 图

由于 p_1,p_2 是重根,为临界阻尼情况,其解为

$$i_L = i_{L_1} + i_{L_2}$$

式中,i_{L_1} 为特解即强制分量 $i_{L_1} = 1$ A;i_{L_2} 为所对应的齐次方程的解 $i_{L_2} = (A_1 + A_2 t)e^{pt}$。

所以通解为

$$i_L = 1 + (A_1 + A_2 t)e^{-10^3 t}$$

$t = 0+$ 时的初始值为

$$i_L(0+) = i_L(0-) = 0 \text{ A}$$

$$\frac{\mathrm{d}i_L}{\mathrm{d}t}\Big|_{t=0+} = \frac{1}{L}u_L(0+) = \frac{1}{L}u_C(0+) = \frac{1}{L}u_C(0-) = 0$$

代入初始条件可得

$$1 + A_1 + 0 = 0$$

$$-10^3 A_1 + A_2 = 0$$

解得

$$A_1 = -1$$

$$A_2 = -10^3$$

所求得的零状态响应为

$$i_L = 1 - (1 + 10^3 t)e^{-10^3 t} \text{ A}$$

$$u_C = u_L = L\frac{\mathrm{d}i_L}{\mathrm{d}t} = 10^6 t e^{-10^3 t} \text{ V}$$

$$i_C = C\frac{\mathrm{d}u_C}{\mathrm{d}t} = (1 - 10^3 t)e^{-10^3 t} \text{ A}$$

过渡过程是临界阻尼情况,为非振荡情况,i_L,i_C,u_C 随时间变化的曲线如图 7-7 所示。

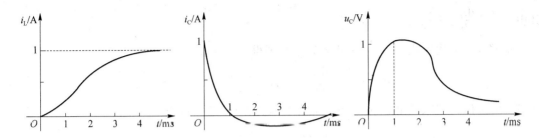

图 7-7　非振荡情况，i_L,i_C,u_C 随时间变化曲线

例 7-3　如图 7-8(a)所示电路原已达稳态，当 $t=0$ 时开关 S 合上，求响应 $i_L(t)$。

解： 当 $t<0$ 时，S 断开，有

$$i_L(0-)=\frac{10}{2+2+1}=2\ \text{A}$$

$$u_C(0-)=2\times(1+2)=6\ \text{V}$$

则

$$i_L(0+)=i_L(0-)=2\ \text{A}$$

$$u_C(0+)=u_C(0-)=6\ \text{V}$$

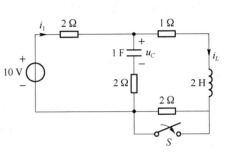

(a)

为求 $\dfrac{\mathrm{d}i_L}{\mathrm{d}t}\Big|_{t=0+}$，将电容用电压源替代，电感用电流源替代，画出 $t=0+$ 时刻的等效电路，如图 7-8(b)所示。由节点电压法知

$$u_N(0+)=\frac{\dfrac{10}{2}+\dfrac{6}{2}-2}{\dfrac{1}{2}+\dfrac{1}{2}}=6\ \text{V}$$

$$u_L(0+)=u_N(0+)-1\times2=6-2=4\ \text{V}$$

$$\frac{\mathrm{d}i_L}{\mathrm{d}t}\Big|_{t=0}=\frac{4}{2}\ \frac{\text{A}}{\text{s}}$$

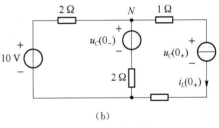

(b)

图 7-8　例 7-3 题图

当后 $t>0$，列写 KVL 与 KCL 方程

$$2i_1+u_C+2i_C=10 \tag{7-21}$$

$$2i_1+1i_L+u_L=10 \tag{7-22}$$

$$i_1=i_C+i_L \tag{7-23}$$

将式(7-23)代入式(7-21)得

$$2i_1+\frac{1}{1}\int(i_1-i_L)\mathrm{d}t+2(i_1-i_L)=10$$

其中，$u_C=\dfrac{1}{1}\displaystyle\int(i_1-i_2)\mathrm{d}t$。

对上式两边同时求导得

$$(2+2)\frac{\mathrm{d}i_1}{\mathrm{d}t}-2\frac{\mathrm{d}i_L}{\mathrm{d}t}+\frac{1}{1}(i_1-i_L)=0 \tag{7-24}$$

由式(7-24)得

$$i_1=\frac{10-2\dfrac{\mathrm{d}i_L}{\mathrm{d}t}-1i_L}{2} \tag{7-25}$$

其中 $u_L = 2\dfrac{\mathrm{d}i_L}{\mathrm{d}t}$。

将式(7-25)代入式(7-24),并代入数据整理得

$$4\frac{\mathrm{d}^2 i_L}{\mathrm{d}t^2} + 5\frac{\mathrm{d}i_L}{\mathrm{d}t} + \frac{3}{2}i_L = 5 \tag{7-26}$$

式(7-26)是以 i_L 为变量的二阶常系数非齐次微分方程,其特解为

$$i_L'(t) = \frac{10}{3}\ \mathrm{A}$$

式(7-26)对应的特征方程为

$$4p^2 + 5p + \frac{3}{2} = 0$$

$$p_1 = -\frac{1}{2},\ p_2 = -\frac{3}{4}$$

式(7-26)对应的齐次方程的通解为

$$i_L''(t) = A_1 \mathrm{e}^{-\frac{1}{2}} + A_2 \mathrm{e}^{-\frac{3t}{4}}$$

全解为

$$i_L(t) = i_L'(t) + i_L''(t) = \frac{10}{3} + A_1 \mathrm{e}^{-\frac{1}{2}} + A_2 \mathrm{e}^{-\frac{3t}{4}}$$

求异得

$$\frac{\mathrm{d}i_L}{\mathrm{d}t} = -\frac{A_1}{2}\mathrm{e}^{-\frac{1}{2}} - \frac{3}{4}A_2 \mathrm{e}^{-\frac{3t}{4}}$$

由初始条件

$$i_L(0+) = \frac{10}{3} + A_1 + A_2 = 2\ \mathrm{A}$$

$$\frac{\mathrm{d}i_L}{\mathrm{d}t}(0+) = -\frac{A_1}{2} - \frac{3}{4}A_2 = 2$$

联立求解得

$$A_1 = 4,\ A_2 = -\frac{16}{3}$$

最终求解得

$$i_L(t) = \frac{10}{3} + 4\mathrm{e}^{-\frac{1}{2}} - \frac{16}{3}\mathrm{e}^{-\frac{3t}{4}}\ \mathrm{A}(t \geqslant 0)$$

7.4 二阶电路的阶跃响应

图 7-9 所示为阶跃电流源激励下的 GLC 并联电路。由阶跃函数的定义知,当 $t < 0_-$ 时,电路中无储能,即电容和电感均处于零状态,所以有 $u_C(0_-) = 0$ 和 $i_L(0_-) = 0$。

当 $t \geqslant 0_+$,根据 KCL,有

$$i_G + i_C + i_L = I_s$$

设状态变量 i_L 为所求变量,根据 $i_G = Gu_L$,$i_C = C\dfrac{\mathrm{d}u_L}{\mathrm{d}t}$ 和 $u_L = L\dfrac{\mathrm{d}i_L}{\mathrm{d}t}$,代入上式得

$$LC\frac{\mathrm{d}^2 i_L}{\mathrm{d}t^2}+GL\frac{\mathrm{d}i_L}{\mathrm{d}t}+i_L=I_S \quad t\geqslant 0_+ \tag{7-27}$$

该式是二阶线性常系数非齐次微分方程,其解由两部分构成,即

$$i_L=i_L'+i_L'' \tag{7-28}$$

其中 i_L' 是方程的特解,也称为稳态响应或强制响应;i_L'' 是对应齐次方程的通解,也称为暂态响应或自由响应。稳态响应或强制响应是当 $t\to\infty$ 时的响应,因为激励是阶跃函数,所以有

$$i_L'(t)=i_L(\infty)=I_S \tag{7-29}$$

暂态响应或自由响应可以利用上一节的方法求出。在式(7-27)中,令 $I_S=0$,则对应的特征方程为

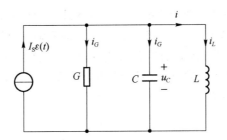

图 7-9　二阶电路的阶跃响应

$$LCp^2+GLp+1=0$$

特征根为

$$p_{1,2}=-\frac{G}{2C}\pm\sqrt{\left(\frac{G}{2C}\right)^2-\frac{1}{LC}} \tag{7-29}$$

可见,特征根仍然有三种不同的情况,即两个不相等的负实根、两个相等的负实根和共轭复根。特征根的三种不同情况分别对应电路的过阻尼、临界阻尼以及欠阻尼情况。于是暂态响应可能的形式有

$$i_L''=A_1\mathrm{e}^{p_1 t}+A_2\mathrm{e}^{p_2 t} \qquad\qquad 过阻尼响应 \tag{7-30}$$

$$i_L''=(A_1+A_2 t)\mathrm{e}^{-\alpha t} \qquad\qquad 临界阻尼响应 \tag{7-31}$$

$$i_L''=\mathrm{e}^{-\alpha t}(A_1\cos\omega t+A_2\sin\omega t) \qquad 欠阻尼响应 \tag{7-32}$$

式中 $\alpha=\dfrac{G}{2C},\omega=\sqrt{\dfrac{1}{LC}-\left(\dfrac{G}{2C}\right)^2}$。

将式(7-30)和式(7-32)代入式(7-29),得图 7-9 所示电路的阶跃响应分别为

$$i_L=[I_S+A_1\mathrm{e}^{p_1 t}+A_2\mathrm{e}^{p_2 t}]\varepsilon(t) \qquad\qquad 过阻尼响应 \tag{7-33}$$

$$i_L=[I_S+(A_1+A_2 t)\mathrm{e}^{-\alpha t}]\varepsilon(t) \qquad\qquad 临界阻尼响应 \tag{7-34}$$

$$i_L=[I_S+\mathrm{e}^{-\alpha t}(A_1\cos\omega t+A_2\sin\omega t)]\varepsilon(t) \qquad 欠阻尼响应 \tag{7-35}$$

式中 A_1 和 A_2 的值可以根据初始条件

$$i_L(0_+)=i_L(0_-)=0,\left.\frac{\mathrm{d}i_L}{\mathrm{d}t}\right|_{t=0_+}=\frac{1}{L}u_C(0_+)=\frac{1}{L}u_C(0_-)=0$$

求出。利用 $u_C=u_L=L\dfrac{\mathrm{d}i_L}{\mathrm{d}t}$ 可以求出电容电压和电感电压,再利用 $i_C=C\dfrac{\mathrm{d}u_C}{\mathrm{d}t}$ 和 $i_G=Gu_C$ 可以求出电容电流和电导电流。

如果图 7-9 所示的电路是非零状态,即 $i_L(0_+)$ 和 $u_C(0_+)$ 不等于零,则同样根据式(7-33)

~式(7-35)可以求出电路的响应,此时响应是全响应。和一阶电路相同,全响应等于稳态响应和暂态响应之和,或者全响应等于强制响应和自由响应之和,于是全响应 $f(t)$ 可以写为

$$f(t)=f_{\mathrm{f}}(t)=f_{\mathrm{n}}(t) \tag{7-36}$$

7.5 二阶电路的冲激响应

和一阶电路相同,如果二阶电路的激励为冲激函数,当冲激过后,冲激源所携带的能量就储存在储能元件上,电路的响应就是由该能量引起的响应。冲激过后,电路中的外加激励为零,此时的响应就是零输入响应,即冲激响应。所以求冲激响应的首要任务是求冲激源能量的转移,即求电路的初始储能或初始状态,其次是求电路的零输入响应。

图 7-10(a)所示为冲激电压源激励的 RLC 串联电路。由于是冲激激励,所以 $u_C(0_-)=0$,$i(0_-)=0$。电感对冲激相当于开路,电容对冲激相当于短路,则冲激作用在 $t=0$ 时刻的等效电路如图 7-10(b)所示,所以有

$$u_L=\delta(t),i=0$$

再根据电感元件的 VCR,有

$$i(0_+)=i(0_-)+\frac{1}{L}\int_{0_-}^{0_+}\delta(t)\mathrm{d}t=0+\frac{1}{L}=\frac{1}{L}$$

可见,冲激所携带的能量转移到了电感元件上,冲激使电感电流发生了跃变。由于 $t=0$ 时流过电容的电流为零,所以电容电压不可能跃变,则

$$u_C(0_+)=u_C(0_-)=0$$

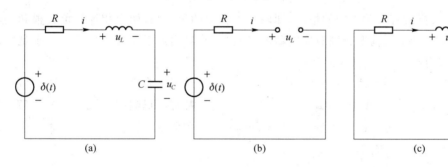

图 7-10 二阶电路的冲激响应

$t\geqslant0_+$ 时的电路如图 7-10(c)所示,该电路为 RLC 串联的零输入电路。若以 u_C 为变量,则该电路的响应就是 8.1 节所求的零输入响应,即根据特征根的不同冲激响应有三种不同的结果。此时的初始条件为

$$u_C(0_+)=0,\frac{\mathrm{d}u_C}{\mathrm{d}t}\Big|_{t=0_+}=\frac{1}{C}i(0_+)=\frac{1}{LC}$$

将它们代入式(7-3),解得

$$A_1=-A_2=-\frac{1}{LC(p_2-p_1)}$$

代入式(7-3),则过阻尼响应为

$$u_C=-\frac{1}{LC(p_2-p_1)}(\mathrm{e}^{p_1t}-\mathrm{e}^{p_2t})\varepsilon(t)$$

将初始条件代入式(7-5),解得

$$A_1 = 0, A_2 = \frac{1}{LC}$$

代入式(7-5),则临界阻尼响应为

$$u_C = \frac{1}{LC} t \, \mathrm{e}^{-\alpha t} \varepsilon(t)$$

将初始条件代入式(7-7),得

$$B_1 = 0, B_2 = \frac{1}{\omega LC}$$

代入式(7-7),则欠阻尼响应为

$$u_C = \frac{1}{\omega LC} \mathrm{e}^{-\alpha t} \sin(\omega t) \varepsilon(t)$$

另外,电路的冲激响应同样可以先求出阶跃响应,然后通过求导得到冲激响应。

例 7-4　设电路为欠阻尼情况,试求图 7-11(a)所示电路的冲激响应 i_L。

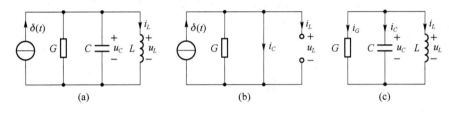

图 7-11　例 7-4 图

解: 因为是冲激激励,所以 $u_C(0_-) = 0$, $i_L(0_-) = 0$。先求冲激作用后的初始状态,$t = 0$ 时的等效电路如图 7-11(b)所示,由图知 $i_C = \delta(t)$, $i_L = 0$,可以求出

$$u_C(0_+) = u_C(0_-) + \frac{1}{C} \int_{0_-}^{0_+} \delta(t) \mathrm{d}t = \frac{1}{C}$$

$$i_L(0_+) = i_L(0_-) = 0$$

$t \geqslant 0_+$ 时的电路如图 7-11(c)所示,该电路为 RLC 并联的零输入电路。设以 i_L 为变量,则电路的方程为

$$LC \frac{\mathrm{d}^2 i_L}{\mathrm{d}t^2} + GL \frac{\mathrm{d}i_L}{\mathrm{d}t} + i_L = 0$$

根据式(8-14c)和初始条件有

$$i_C(0_+) = 0, \frac{\mathrm{d}i_L}{\mathrm{d}t}\bigg|_{t=0_+} = \frac{1}{L} u_C(0_+) = \frac{1}{LC}$$

可求出 $A_1 = 0, A_2 = \frac{1}{\omega LC}$,则

$$i_L = \left[\frac{1}{\omega LC} \mathrm{e}^{-\alpha t} \sin(\omega t) \right] \varepsilon(t)$$

习　题　七

7.1　设图 7-12 所示电路达到稳态,在 $t = 0$ 时开关 S 动作,试求 $u_C(0_+)$、$i_L(0_+)$、$i(0_+)$、

$\mathrm{d}u_C(0_+)/\mathrm{d}t$ 和 $\mathrm{d}i_L(0_+)/\mathrm{d}t$。

7.2 电路如图 7-13 图所示,试求 $u_C(0_+)$、$i_L(0_+)$、$\mathrm{d}u_C(0_+)/\mathrm{d}t$、$\mathrm{d}i_L(0_+)/\mathrm{d}t$、$u_C(\infty)$ 和 $i_L(\infty)$。

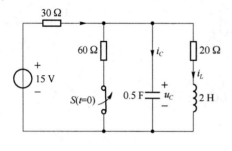 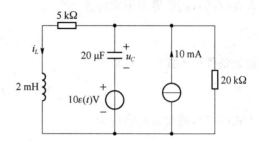

图 7-12 习题 7-1 图   图 7-13 习题 7-2 图

8.3 设图 7-14 所示电路已达稳态,在 $t=0$ 时开关 S 动作,试求 $t>0$ 时的 u_C 和 u_L。

8.4 设图 7-15 所示电路已达稳态,在 $t=0$ 时开关 S 动作,试求 $t>0$ 时的电流 i。

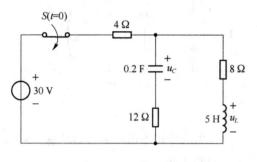 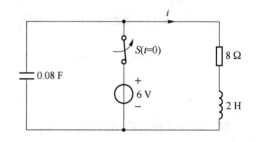

图 7-14 习题 7-3 图   图 7-15 习题 7-4 图

8.5 试求图 7-16 所示电路的冲激响应 u_C。

8.6 电路如图 7-17 所示,求电路的阶跃响应 u_C。

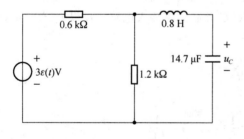 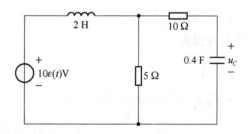

图 7-16 习题 7-5 图   图 7-17 习题 7-6 图

第8章 向 量 法

本章主要介绍相量法基础、正弦量的相量表示法；电阻、电感、电容元件中的正弦电流；基尔霍夫定律相量形式；复阻抗、复导纳及其等效变换；正弦交流电路的功率；正弦交流电路的计算方法。

8.1 相量法基础

在交流电路的分析过程中，如果直接按正弦量的数学表达式或波形图分析是很麻烦的，而用相量法分析线性正弦稳态电路将会方便得多。在正弦交流电路中，所有响应都是与激励同频率的正弦量，分析时可以不考虑频率，问题就集中在有效值和初相这两个要素上。而一个复数可以同时表达一个正弦量的有效值和初相，这样就可以把正弦量的分析计算转换成复数的运算，使问题简单化。因此，首先对复数的有关知识作一介绍。

8.1.1 复数的表示形式

复数一般是由实部和虚部所组成，则其代数形式可表示为

$$A = a + jb$$

式中 A 为复数。a,b 为实数，a 称为 A 的实部，b 称为 A 的虚部，$j = \sqrt{-1}$ 称为虚数单位，数学上用 i 表示，电工中为了与电流 i 相区别而改用 j 来表示。复数的代数形式便于对复数进行加、减运算。

复数 A 在复平面上可用一有向线段（矢量）OA 表示，如图 8-1 所示。图中矢量 $\overline{OA}$ 的长度 $|A|$ 称为复数 A 的模，矢量 $\overline{OA}$ 与实轴正方向的夹角 ϕ 称为复数 A 的辐角，矢量 $\overline{OA}$ 在实轴上的投影就是 A 的实部 a，在虚轴上的投影就是 A 的虚部 b。则可得关系式如下

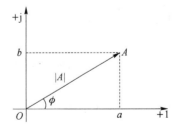

图 8-1 复数的矢量表示法

$$\left.\begin{array}{l} |A| = \sqrt{a^2 + b^2} \\ \phi = \text{arctg}\, \dfrac{b}{a} \\ a = |A|\cos\phi \\ b = |A|\sin\phi \end{array}\right\} \tag{8-1}$$

由以上关系式,复数 A 又可用三角形式表示,即

$$A=|A|\cos\phi+j|A|\sin\phi=|A|(\cos\phi+j\sin\phi)$$

根据欧拉公式

$$e^{j\phi}=\cos\phi+j\sin\phi$$

复数又可表示为指数形式,即

$$A=|A|(\cos\phi+j\sin\phi)=|A|e^{j\phi}$$

在电工中常把复数写成极坐标形式,即

$$A=|A|\angle\phi$$

复数的指数形式或极坐标形式便于对复数进行乘、除运算。

应用以上各式可以对复数的代数形式和极坐标形式进行相互转换。要注意的是,在计算辐角时,必须根据复数的实部和虚部的正负符号,判断 φ 角所在象限,并统一取绝对值小于 π 的辐角。

两个复数相等时,其实部和实部,虚部和虚部应分别相等,或者说模和模,辐角和辐角分别相等。例如复数 $A_1=a_1+jb_1=|A_1|e^{j\varphi_1}$ 与复数 $A_2=a_2+jb_2=|A_2|e^{j\varphi_2}$ 相等时,则有 $a_1=a_2$,$b_1=b_2$ 或 $|A_1|=|A_2|$,$\varphi_1=\varphi_2$。

如果两个复数的实部相等而虚部等值异号,则这两个复数互为共轭复数。例如若 $A_1=a+jb$,$A_2=a-jb$,则 A_1 与 A_2 互为共轭复数。用极坐标形式表示时,共轭复数可写成

$$A_1=\sqrt{a^2+b^2}\,\mathrm{arctg}\,\frac{b}{a}=|A|\angle\varphi$$

$$A_2=\sqrt{a^2+(-b)^2}\,\mathrm{arctg}\,\frac{-b}{a}=|A|\angle-\varphi$$

所以两个共轭复数的模相等,辐角互为相反数。

两共轭复数的乘积是一个实数

$$A_1A_2=(a+jb)(a-jb)=a^2+b^2=|A|^2$$

复数 $e^{j\varphi}$ 对应于具有单位长度的矢量,其模为1,辐角为 φ。一个复数乘以 $e^{j\varphi}$,就相当于把表示这个复数的矢量逆时针方向旋转 φ 角,因此复数 $e^{j\varphi}$ 称为旋转因子。例如当 $\varphi=\pm90°$ 时,即 $\pm j$ 为 $90°$ 的旋转因子,如图 8-2 所示。

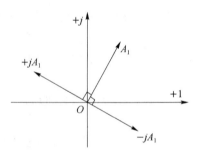

图 8-2　$\pm j$ 旋转因子

8.1.2　复数的四则运算

1. 加、减运算

几个复数相加或相减时,把它们的实部和实部相加或相减,虚部和虚部相加或相减,因此,复数的加、减运算必须用代数形式来进行。

设

$$A_1=a_1+jb_1$$
$$A_2=a_2+jb_2$$

则

$$A_1\pm A_2=(a_1\pm a_2)+j(b_1\pm b_2)$$

2. 乘、除运算

设

$$A_1 = |A_1| \angle \varphi_1$$
$$A_2 = |A_2| \angle \varphi_2$$

则

$$A_1 A_2 = |A_1| \angle \varphi_1 |A_2| \angle \varphi_2 = |A_1||A_2| \angle (\varphi_1 + \varphi_2)$$

即乘积之模等于复数模之积,而辐角等于复数的辐角之和。

$$\frac{A_1}{A_2} = \frac{|A_1| \angle \varphi_1}{|A_2| \angle \varphi_2} = \frac{|A_1|}{|A_2|} \angle (\varphi_1 - \varphi_2)$$

即商之模等于复数模之商,而辐角则等于被除数的辐角减去除数的辐角。也可以说,复数 A_1 除以复数 A_2,其模缩小到 $\frac{1}{|A_2|}$,并向顺时针方向旋转一个角 φ_2。

用代数形式也可进行复数的乘除运算,例如 $A_1 A_2 = (a_1 + jb_1)(a_2 + jb_2) = (a_1 a_2 - b_1 b_2) + j(a_1 b_2 + a_2 b_1)$,这里利用了 $j^2 = -1$ 的关系。有时我们还需用到 $j^3 = -j$、$j^4 = 1$ 等关系。但在一般情况下用指数形式较简便,因此在复数四则运算中,常需进行复数形式的转换。

例 8-1 将下列复数化为极坐标形式:(1)$A_1 = 3 - j4$;(2)$A_2 = -3 - j4$。

解:(1)由式(8-1)有

$$|A_1| = \sqrt{3^2 + (-4)^2} = \sqrt{25} = 5$$

$$\phi = \text{arctg} \frac{-4}{3} = \text{arctg}\left(-\frac{4}{3}\right)$$

因为 A_1 的实部为 3,虚部为 -4,故 ϕ 应在第四象限,得

$$\phi = -53.1°$$

复数 A_1 的极坐标形式为

$$A_1 = 5 \angle -53.1°$$

(2)由式(8-1)有

$$|A_2| = \sqrt{(-3)^2 + (-4)^2} = \sqrt{25} = 5$$

$$\phi = \text{arctg} \frac{-4}{-3} = \text{arctg} \frac{4}{3}$$

因为 A_1 的实部为 -3,虚部为 -4,故 ϕ 应在第三象限,得

$$\phi = 53.1° - 180° = -126.9°$$

复数 A_2 的极坐标形式为

$$A_2 = 5 \angle -126.9°$$

8.1.3 正弦量的相量表示法

对于各同频率的正弦量,由于旋转相量的旋转速度是相同的,因而在旋转过程中,各相量间的相对位置是不变的。这样,旋转问题可以不必考虑,即作为三要素之一的频率可以不必考虑。只要确定各电压、电流的有效值和初相位就可以了。复数 $\dot{I}$ 正好反映了正弦量的这两个要素。我们把这个能表示正弦量特征的复数称为相量。为了与一般的复数相区别,规定相量用上面带小圆点的大写字母来表示,如 $\dot{I}$ 表示电流相量,$\dot{U}$ 表示电压相量。即

$$\dot{I} = I\, e^{j\phi_i} = I \angle \phi_i \tag{8-2}$$

对于正弦电压 $u = \sqrt{2} U \sin(\omega t + \phi_u)$ 的相量为

$$\dot{U}=U \, \mathrm{e}^{\mathrm{j}\varphi_u}=U \angle \phi_u \tag{8-3}$$

以上引用数学的概念和方法,把一个实数域中的正弦时间函数与一个复数域中的复指数函数一一对应起来,也就是说,正弦量和相量之间存在着一一对应关系,即正弦量可以用相量表示,而相量也一定有与之对应的正弦量。应当强调:相量仅仅是正弦量的一个表示符号,相量与正弦量之间不是相等关系。

例 8-2　试写出下列各正弦电压、电流所对应的相量,作出相量图,并比较各正弦量超前、滞后关系。

(1) $u_1=10\sqrt{2}\sin(314t+45°)\mathrm{V}$　　　　(2) $u_2=-10\sqrt{2}\sin(314t+60°)\mathrm{V}$

(3) $i=5\sqrt{2}\sin(314t-30°)\mathrm{A}$

解:由已知得

$$\dot{U}_1=10\angle 45°\mathrm{V}$$

因为

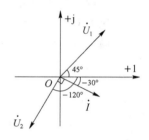

$$u_2=-10\sqrt{2}\sin(314t+60°)=10\sqrt{2}\sin(314t+60°-180°)$$

$$=10\sqrt{2}\sin(314t-120°)\mathrm{V}$$

所以

$$\dot{U}_2=10\angle -120°\mathrm{V}$$

而

$$\dot{I}=5\angle -30°\mathrm{A}$$

图 8-3　例 8-2 相量图

$\dot{U}_1$、$\dot{U}_2$、$\dot{I}$ 的相量图如图 8-3 所示。由图可见,$\dot{U}_1$ 超前 $\dot{U}_2$ 165°,$\dot{U}_1$ 超前 $\dot{I}$ 75°,$\dot{I}$ 超前 $\dot{U}_2$ 90°

8.1.4　用相量求正弦量的和与差

设两个正弦量分别为

$$i_1=16\sqrt{2}\sin(\omega t+30°)$$

$$i_2=8\sqrt{2}\sin \omega t$$

若 $i=i_1+i_2$,则利用三角函数关系进行计算,即

$$i=i_1+i_2=16\sqrt{2}\sin(\omega t+30°)+8\sqrt{2}\sin \omega t$$

$$=\sqrt{2}(16\sin \omega t\cos 30°+16\cos \omega t \sin 30°+8\sin \omega t)$$

$$=\sqrt{2}(8\sqrt{3}\sin \omega t+8\cos \omega t+8\sin \omega t)=\sqrt{2}(21.86\sin \omega t+8\cos \omega t)$$

$$=\sqrt{2}\times\sqrt{(21.86)^2+8^2}\left[\frac{21.86}{\sqrt{(21.86)^2+8^2}}\sin \omega t+\frac{21.86}{\sqrt{(21.86)^2+8^2}}\cos \omega t\right]$$

$$=\sqrt{2}\times 23.27(\cos 20.05°\sin \omega t+\sin 20.05°\cos \omega t)$$

$$=23.27\sqrt{2}\sin(\omega t+20.05°)$$

由此得 i 是有效值为 $I=23.27$ A,初相位为 $\phi=20.05°$,角频率为 ω 的正弦量。

由以上得到一个重要结论:即同频率的正弦量相加,其结果仍是一个频率相同的正弦量。

下面研究如何用相量来处理这个问题。

因为正弦量与对应复指数函数的虚部相等,即
$$i_1 = \mathrm{Im}[\sqrt{2}\,\dot{I}_1\mathrm{e}^{\mathrm{j}\omega t}]$$
$$i_2 = \mathrm{Im}[\sqrt{2}\,\dot{I}_2\mathrm{e}^{\mathrm{j}\omega t}]$$

式中 $\mathrm{Im}[\ ]$ 是取虚部的符号。所以
$$i_1 + i_2 = \mathrm{Im}[\sqrt{2}\,\dot{I}_1\mathrm{e}^{\mathrm{j}\omega t}] + \mathrm{Im}[\sqrt{2}\,\dot{I}_2\mathrm{e}^{\mathrm{j}\omega t}] = \mathrm{Im}[\sqrt{2}(\dot{I}_1 + \dot{I}_2)\mathrm{e}^{\mathrm{j}\omega t}]$$

若令
$$i = \mathrm{Im}[\sqrt{2}\,\dot{I}\mathrm{e}^{\mathrm{j}\omega t}]$$

则有
$$\mathrm{Im}[\sqrt{2}\,\dot{I}\mathrm{e}^{\mathrm{j}\omega t}] = \mathrm{Im}[\sqrt{2}\,\dot{I}_1\mathrm{e}^{\mathrm{j}\omega t}] + \mathrm{Im}[\sqrt{2}\,\dot{I}_2\mathrm{e}^{\mathrm{j}\omega t}]$$

上式对任何 t 都成立,因此有
$$\dot{I} = \dot{I}_1 + \dot{I}_2$$

将正弦电流 i_1、i_2 用相量表示,即
$$\dot{I}_1 = 16\angle 30° \qquad\qquad \dot{I}_2 = 8\angle 0°$$

则有
$$\dot{I} = \dot{I}_1 + \dot{I}_2 = 16\angle 30° + 8\angle 0° = 13.86 + j8 + 8 = 21.86\,j + 8 = 23.27\angle 20.05°$$

由所求得的电流相量 $\dot{I}$,可直接写出
$$i = i_1 + i_2 = 23.27\sqrt{2}\sin(\omega t + 20.05°)$$

上式表明,当用相量表示正弦量时,同频率正弦量的相加(或相减)的运算等于对应相量相加(或相减)的运算。

例 8-3 已知电流 $\dot{I}_1 = 10\angle -45°\ \mathrm{A}$,$\dot{I}_2 = 10\angle -135°\ \mathrm{A}$。试求 $\dot{I} = \dot{I}_1 + \dot{I}_2$。

解:
$$\begin{aligned}\dot{I} &= \dot{I}_1 + \dot{I}_2 = 10\angle -45° + 10\angle -135°\\ &= 10\cos(-45°) + j10\sin(-45°)\\ &\quad + 10\cos(-135°) + j10\sin(-135°)\\ &= 5\sqrt{2} - j5\sqrt{2} - 5\sqrt{2} - j5\sqrt{2}\\ &= -j10\sqrt{2}\ \mathrm{A}\end{aligned}$$

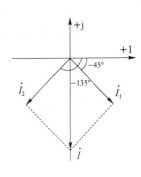

图 8-4　例 8-3 相量图

也可画出 $\dot{I}_1$、$\dot{I}_2$ 的相量图,然后在相量图中用平行四边形法则求得 $\dot{I}$,如图 8-4 所示。

思考与练习

8.1.1　一个复数有哪几种表示方法? 在四则运算中各使用哪种方法比较简便? 它们如何进行互换?

8.1.2　已知复数 $A = 4 + j3$ 和 $B = -9 + j12$,试求 $A + B$,$A - B$,AB 和 A/B。

8.1.3　如何用相量表示一个正弦量? 相量与正弦量、复数、矢量有何区别及联系?

8.1.4 如何利用相量进行正弦量的相加减？已知两个不同频率的正弦量，是否可用相量求它们的和？

8.1.5 求下列正弦量所对应的相量，并画出相量图。

(1) $i_1 = 5\sqrt{2}\sin(\omega t + 30°)$ A

(2) $i_2 = -10\sqrt{2}\sin(\omega t - 45°)$ A

(3) $u_1 = 100\sqrt{2}\cos(\omega t + 120°)$ V

(4) $u_2 = -100\sqrt{2}\cos(\omega t + 90°)$ V

8.1.6 作出下列相量的相量图，并设角频率为 ω，写出各相量所代表的正弦量，说明它们的超前、滞后关系。

$$\dot{U}_1 = 30 + j40 \text{ V} \qquad \dot{U}_2 = 100e^{-j30°} \text{ V} \qquad \dot{I}_1 = -3 - j4 \text{ A} \qquad \dot{I}_2 = 8\angle 0°$$

8.2 电路定律的相量形式

8.2.1 电阻元件伏安关系的相量形式

在正弦电路中，电流、电压虽然都是随时间而变化的，但在每一瞬间，欧姆定律仍然成立。若设通过电阻元件的正弦电流为

$$i = I_m\sin(\omega t + \phi_i)$$

则在电阻元件两端产生的电压降为 u。当取电流 i、电压 u 参考方向为关联参考方向，如图 8-5(a)所示，则在任一瞬间由欧姆定律得

$$u = Ri$$
$$= RI_m\sin(\omega t + \phi_i)$$
$$= U_m\sin(\omega t + \phi_u)$$

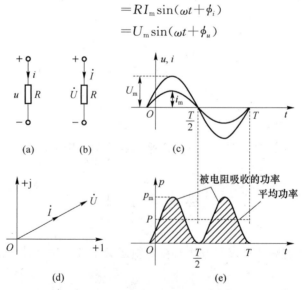

图 8-5 电阻元件的交流电路、相量模型、波形图、相量图及瞬时功率波形图

其中

$$U_m = RI_m \text{ 或 } U = \frac{U_m}{\sqrt{2}} = RI \\ \left. \phi_u = \phi_i \right\}$$
(8-4)

由式(8-4)知,电压 u 是与电流 i 同频率的正弦量,其最大值为 RI_m,而且,其相位也与电流相位相同,即电压、电流同时达到最大值或零值,如图 8-5(c)所示。若用相量表示,则

$$i = \mathrm{Im}[\dot{I}_m e^{j\omega t}] = \mathrm{Im}[\sqrt{2}\,\dot{I}\,e^{j\omega t}]$$

其中

$$\dot{I}_m = I_m e^{j\varphi_i} = I_m \angle \phi_i \qquad \dot{I} = I e^{j\varphi_i} = I \angle \phi_i$$

又

$$u = \mathrm{Im}[R\,\dot{I}_m e^{j\omega t}] = \mathrm{Im}[\sqrt{2}R\,\dot{I}\,e^{j\omega t}] = \mathrm{Im}[\sqrt{2}\dot{U}e^{j\omega t}]$$

所以

或

$$\dot{U} = R\,\dot{I} \\ \left. U \angle \phi_u = RI \angle \phi_i \right\}$$
(8-5)

式(8-5)表示,电阻中电压、电流的相量关系仍服从欧姆定律。其相量图如图 8-5(d)所示。

电阻元件在交流电路中消耗的功率,随着各瞬间电流、电压的变化而变化。电路在任一瞬间吸收或消耗的功率称为瞬时功率,它等于电压、电流瞬时值的乘积,常用小写字母 p 表示,即:

$$p = ui$$
(8-6)

瞬时功率的单位仍是瓦特。在电阻元件中,将 u、i 的表达式代入得

$$p = ui = \sqrt{2}U\sin(\omega t + \varphi_u)\sqrt{2}I\sin(\omega t + \varphi_i)$$

因为 $\phi_u = \phi_i$,并根据三角函数积化和差的关系,则

$$p = ui = 2UI\sin^2(\omega t + \phi_u) = UI - UI\cos(2\omega t + 2\phi_u)$$
(8-7)

由式(8-7)知,瞬时功率由两部分组成。前一部分是常量 UI,它与时间无关;后一部分是正弦量 $UI\cos(2\omega t + 2\phi_u)$,它的频率是正弦电流(或电压)频率的 2 倍,如图 8-5(e)所示。由于电压和电流同相位,所以电压、电流同时为零,及同时达到最大值。电压、电流为零时,瞬时功率也为零;电压、电流达最大值时,瞬时功率也达最大值。而且,在电压、电流均为负值时,瞬时功率也是正,由于任何瞬间,恒有 $P \geqslant 0$,所以,电阻是耗能元件。

瞬时功率在一周期内的平均值,称平均功率,用大写字母 P 表示,即

$$P = \frac{1}{T}\int_0^T p\,\mathrm{d}t = \frac{1}{T}\int_0^T ui\,\mathrm{d}t$$
(8-8)

将式(8-7)代入式(8-8)中得电阻元件的平均功率为

$$P = \frac{1}{T}\int_0^T [UI - UI\cos(2\omega t + 2\varphi_u)]\,\mathrm{d}t = \frac{1}{T}\int_0^T UI\,\mathrm{d}t - \frac{1}{T}\int_0^T UI\cos(2\omega t + 2\varphi_u)\,\mathrm{d}t$$

由于上述第二项积分为零,所以

$$P = UI = I^2 R = U^2 G$$
(8-9)

式(8-9)与直流电路中计算电阻元件的功率完全一样。平均功率的单位也是瓦特。通常说灯管额定电压 220 V,额定功率 40 W,就是指该灯管接在 220 V 电压时,它所消耗的平均功率是 40 W。

例 8-4 有一个 220 V、40 W 的白炽灯,其两端电压为 $u=220\sqrt{2}\sin(314\omega+45°)$ V。求通过该白炽灯的电流。

解: 由已知得电压的相量为

$$\dot{U}=U\angle\varphi_u=220\angle 45°\text{V}$$

由于白炽灯属电阻性负载,由式(8-9)得

$$R=\frac{U^2}{P}=\frac{220^2}{100}=484\ \Omega$$

由式(8-5)得电流的相量为

$$\dot{I}=\frac{\dot{U}}{R}=\frac{220\angle 45°}{484}=0.45\angle 45°\text{A}$$

则电流的瞬时值表达式为

$$i=0.45\sqrt{2}\sin(314\omega+45°)\text{A}$$

8.2.2 电感元件伏安关系的相量形式

在时域中,当通过电感元件的正弦电流为 $i=I_m\sin(\omega t+\varphi_i)$ 时,则在电感元件两端感应出的电压为 u。若设电流 i、电压 u 的参考方向为关联参考方向,如图 8-6(a)所示,则由电感元件的约束关系得

$$u=L\frac{di}{dt}=L\frac{d}{dt}\big[\ I_m\sin(\omega t+\varphi_i)\big]=LI_m\omega\cos(\omega t+\varphi_i)=LI_m\omega\sin(\omega t+\varphi_i+\frac{\pi}{2})$$
$$=U_m\sin(\omega t+\varphi_u)$$

其中

$$\left.\begin{array}{l} U_m=\omega LI_m\text{或}U=\omega LI \\[2mm] \varphi_u=\varphi_i+\dfrac{\pi}{2}\end{array}\right\} \tag{8-10}$$

由上式知,电感电压 u 是与电流 i 同频率的正弦量,其最大值为 $U_m=\omega LI_m$,其相位则超前于电流 $\dfrac{\pi}{2}$ 或 90°,也就是说,电压 u 到达最大值和通过零值都比电流 i 早 $\dfrac{1}{4}$ 周期。这是因为决定电感电压 u 的不是电流 i,而是电流 i 对时间 t 的导数,即 $\dfrac{di}{dt}$,所以电压与电流之间才有相位差存在。其波形如图 8-6(c)所示。

电压与电流的最大值或有效值之比为

$$\frac{U_m}{I_m}=\frac{U}{I}=\omega L=X_L=2\pi fL \tag{8-11}$$

式中,X_L 称为电感元件的感抗,具有阻止电流通过的性质。当 L 的单位为亨利,f 的单位为赫兹时,X_L 的单位为欧姆。当 L 一定时,X_L 随频率 f 增大而增大,所以在高频电流作用时,电感线圈有扼流作用。当 $f\to\infty$ 时,感抗相当于开路;当 $f=0$(即直流)时感抗相当于短路。因此,可以得出电感元件具有"阻交流、通直流"或"阻高频、通低频"的特性。感抗的倒数称为感纳,用 B_L 表示,即

$$B_L=\frac{1}{X_L}=\frac{1}{\omega L}=\frac{1}{2\pi fL} \tag{8-12}$$

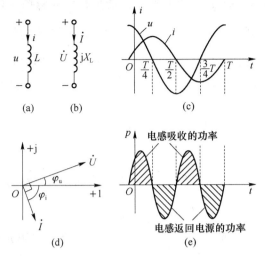

图 8-6 电感元件的交流电路图、相量模型、波形图、

相量图及瞬时功率波形图

单位为西门子(S)。

值得指出,感抗只能代表电压与电流最大值或有效值之比,不代表它们的瞬时值之比。而且感抗只对正弦交流电才有意义。

电感中电流与电压的关系表达成相量形式,即

$$i = I_m \sin(\omega t + \phi_i) = \sqrt{2} I \sin(\omega t + \phi_i) = \text{Im}[\dot{I}_m e^{j\omega t}] = \text{Im}[\sqrt{2}\dot{I} e^{j\omega t}]$$

又

$$u = L\frac{di}{dt} = L\frac{d}{dt}[I_m \sin(\omega t + \phi_i)] = L\frac{d}{dt}\{\text{Im}[\dot{I}_m e^{j\omega t}]\} = L\frac{d}{dt}\{\text{Im}[\sqrt{2}\dot{I} e^{j\omega t}]\}$$

$$= \text{Im}[j\omega L\dot{I}_m e^{j\omega t}] = \text{Im}[\sqrt{2}j\omega L\dot{I} e^{j\omega t}] = \text{Im}[\dot{U}_m e^{j\omega t}] = \text{Im}[\sqrt{2}\dot{U} e^{j\omega t}]$$

其中

$$\left.\begin{array}{l} \dot{U} = j\omega L\dot{I} \quad \text{或 } U\angle\phi_u = \omega LI\angle(\phi_i + \frac{\pi}{2}) \\[2mm] \dot{I} = -j\frac{1}{\omega L}\dot{U} \end{array}\right\} \tag{8-13}$$

表示电感上电压相量与电流相量的关系式,其相量图如图 8-6(d)所示。

下面讨论电感中的功率与能量。电感 L 吸收的瞬时功率为

$$p = ui = 2UI\sin(\omega t + \phi_u)\sin(\omega t + \phi_i) = 2UI\sin(\omega t + \phi_i + \frac{\pi}{2})\sin(\omega t + \phi_i)$$

$$= 2UI\sin(\omega t + \phi_i)\cos(\omega t + \phi_i)$$

根据三角函数的倍角公式 $\sin 2X = 2\sin X\cos X$ 得

$$p = UI\sin(2\omega t + 2\phi_i)$$

电感储存磁场能量为

$$W_L = \frac{1}{2}Li^2 = LI^2\sin^2(\omega t + \phi_i) = \frac{1}{2}LI^2[1 - \cos(2\omega t + 2\phi_i)]$$

由上式知,瞬时功率是一个正弦波,其最大值为 UI,频率为电流或电压频率的两倍。而且在第一个 $\frac{1}{4}$ 周期内电流由零开始上升到最大值,由于此期间电流、电压的实际方向相同,瞬时

功率 p 为正值,表示电感在吸收能量,并把吸收的能量转化为磁场能量。所以磁场能 W 由零上升到最大值。当电流达到最大值时,由于电压为零,瞬时功率为零。在第二个 $\frac{1}{4}$ 周期内,电流由最大值逐渐减小到零,由于电流、电压的实际方向相反,瞬时功率 p 为负值,表示电感在发出功率,原先储存在磁场中的能量逐渐释放直到全部放完。以后过程与前相似,如图 8-6(e) 所示。

电感元件是储能元件,它并不消耗功率,即它的平均功率为零。

$$P = \frac{1}{T}\int_0^T P\mathrm{d}t = \frac{1}{T}\int_0^T UI\sin(2\omega t + 2\phi_i)\mathrm{d}t = 0 \tag{8-14}$$

但它的瞬时功率却不为零。工程上,常把它的瞬时功率的最大值称为无功功率。即

$$Q_L = UI = I^2 X_L = \frac{U^2}{X_L} \tag{8-15}$$

表示外部能量转换为磁场能量的最大速率。无功功率反映了储能元件与外部交换能量的规模。"无功"的含义是交换而不消耗,不应理解为"无用"。电感元件上的无功功率是感性无功功率,感性无功功率在电力供应中占有很重要的地位。电力系统中具有电感的设备如变压器、电动机等,没有磁场就不能工作,而它们的磁场能量是由电源供应的,电源必须和具有电感的设备进行一定规模的能量交换,或者说电源必须向具有电感的设备供应一定数量的感性无功功率。

无功功率具有与平均功率相同的量纲,但因无功功率并不是实际做功的平均功率,为了与平均功率相区别,在 SI 制中主单位为无功伏安,记作乏(var),工程上常用的单位有千乏(kvar)。相对于无功功率,平均功率也叫有功功率。

例 8-4　已知一电感元件,$L=127$ mH,接在电压为 $u=220\sqrt{2}\sin(314t+60°)$ V 的电源上。试求电感元件的感抗、电流及无功功率,并作出电压、电流相量图。

解:(1) 由式(8-11)得电感元件的感抗为

$$X_L = \omega L = 314 \times 127 \times 10^{-3} = 40\ \Omega$$

(2) 电压的相量为

$$\dot{U} = 220\angle 60°\ \text{V}$$

根据式(8-13)得电流的相量为

$$\dot{I} = -\mathrm{j}\frac{1}{\omega L}\dot{U} = -\mathrm{j}\frac{220\angle 60°}{40} = 5.5\angle -30°\ \text{A}$$

则电流的瞬时值表达式为

$$i = 5.5\sqrt{2}\sin(314t - 30°)\ \text{A}$$

(3) 根据式(8-15)得无功功率为

$$Q_L = UI = 220 \times 5.5 = 1210\ \text{var}$$

(4) 电压、电流相量图如图 8-7 所示。

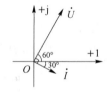

图 8-7　例 8-4 相量图

8.2.3　电容元件伏安关系的相量形式

在时域中,当作用于电容元件两端的正弦电压为 $u=U_\mathrm{m}\sin(\omega t+\varphi_u)$ 时,则在电容中通过的电流为 i。若设电流 i、电压 u 的参考方向为关联参考方向,如图 8.8(a)所示,则由电容元件

的约束关系得

$$i = C\frac{\mathrm{d}u}{\mathrm{d}t} = C\frac{\mathrm{d}}{\mathrm{d}t}[U_\mathrm{m}\sin(\omega t + \varphi_u)] = CU_\mathrm{m}\omega\cos(\omega t + \varphi_u) = CU_\mathrm{m}\omega\sin(\omega t + \varphi_u + \frac{\pi}{2})$$

$$= I_\mathrm{m}\sin(\omega t + \varphi_i)$$

其中

$$\left.\begin{array}{l} I_\mathrm{m} = \omega CU_\mathrm{m} \text{ 或 } I = \omega CU \\[2mm] \varphi_i = \varphi_u + \dfrac{\pi}{2} \end{array}\right\} \tag{8-16}$$

由式(8-16)知,通过电容的电流 i 是与电压 u 同频率的正弦量,其最大值为 $I_\mathrm{m} = \omega CU_\mathrm{m}$。其相位超前于电压 $\dfrac{\pi}{2}$ 或 90°(或电压滞后于电流 $\dfrac{\pi}{2}$)。这是因为,决定电容电流 i 的不是电压 u,而是电压 u 对时间 t 的导数,即 $\dfrac{\mathrm{d}u}{\mathrm{d}t}$,所以电流与电压之间才有相位差存在。其波形如图8-8(c)所示。

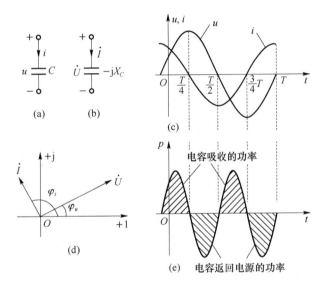

图8-8 电容元件的交流电路图、相量模型、波形图、
相量图及瞬时功率波形图

电压与电流的最大值或有效值之比为

$$\frac{U_\mathrm{m}}{I_\mathrm{m}} = \frac{U}{I} = \frac{1}{\omega C} = X_C = \frac{1}{2\pi fC} \tag{8-17}$$

式中: X_C 称为电容元件的容抗,具有阻止电流通过的性质。当 C 的单位为法拉,f 的单位为赫兹,X_C 的单位是欧姆。当 C 一定时,X_C 随频率 f 的增大而减小。当 $f \to \infty$ 时,容抗相当于短路;当 $f = 0$(即直流)时,容抗相当于开路。因此,可以得出电容元件具有"通交流、阻直流"或"通高频、阻低频"的特性。容抗的倒数称为容纳,用 B_C 表示,即

$$B_C = \frac{1}{X_C} = \omega C = 2\pi fC \tag{8-18}$$

单位是西门子(S)。

值得指出,容抗只能代表电压与电流最大值或有效值之比,不能代表瞬时值之比。而且,容抗只对正弦交流电才有意义。

电容中电流与电压的关系表达成相量形式,即

$$u = U_{\mathrm{m}} \sin(\omega t + \varphi_u) = \sqrt{2} U \sin(\omega t + \varphi_u) = \mathrm{Im}[\dot{U}_{\mathrm{m}} e^{j\omega t}] = \mathrm{Im}[\sqrt{2} \dot{U} e^{j\omega t}]$$

又

$$i = C \frac{\mathrm{d}u}{\mathrm{d}t} = C \frac{\mathrm{d}}{\mathrm{d}t}[U_{\mathrm{m}} \sin(\omega t + \varphi_u)] = C \frac{\mathrm{d}}{\mathrm{d}t}\{\mathrm{Im}[\dot{U}_{\mathrm{m}} e^{j\omega t}]\} = C \frac{\mathrm{d}}{\mathrm{d}t}\{\mathrm{Im}[\sqrt{2} \dot{U} e^{j\omega t}]\}$$

$$= \mathrm{Im}[j\omega C \dot{U}_{\mathrm{m}} e^{j\omega t}] = \mathrm{Im}[\sqrt{2} j\omega C \dot{U} e^{j\omega t}] = \mathrm{Im}[\dot{I}_{\mathrm{m}} e^{j\omega t}] = \mathrm{Im}[\sqrt{2} \dot{I} e^{j\omega t}]$$

其中

$$\left.\begin{array}{c} \dot{I} = j\omega C \dot{U} \quad 或 \quad I \angle \varphi_i = \omega C U \angle \left(\varphi_u + \dfrac{\pi}{2}\right) \\[3mm] \dot{U} = -j \dfrac{1}{\omega C} \dot{I} \end{array}\right\} \tag{8-19}$$

式(8-19)表示电容上电压相量与电流相量的关系式,其相量图如图 8-8(d)所示。

下面讨论电容中的功率与能量,则电容 C 吸收的瞬时功率为

$$p = ui = 2UI \sin(\omega t + \varphi_u) \sin(\omega t + \varphi_i) = 2UI \sin(\omega t + \varphi_u) \sin\left(\omega t + \varphi_u + \frac{\pi}{2}\right)$$

$$= 2UI \sin(\omega t + \varphi_u) \cos(\omega t + \varphi_u) = UI \sin(2\omega t + 2\varphi_u)$$

电容储存的电场能量为

$$W_C = \frac{1}{2} C u^2 = C U^2 \sin^2(\omega t + \varphi_u) = \frac{1}{2} C U^2 [1 - \cos(2\omega t + 2\varphi_u)]$$

由上式知,瞬时功率是一个正弦波,其最大值为 UI,频率为电压或电流频率的两倍,而且在第一个 $\frac{1}{4}$ 周期内,电压由零开始上升到最大值,由于此期间电压、电流的实际方向相同,瞬时功率 p 为正值,表示电容在吸收能量,并把吸收的能量转化成电场能量。所以电场能量由零上升到最大值。当电压达到最大值时,由于电流为零,瞬时功率为零。在第二个 $\frac{1}{4}$ 周期内,电压由最大值逐渐减小到零,由于电压、电流的实际方向相反,瞬时功率为负值,表示电容在发出功率,原先储存在电场中的能量逐渐释放直到全部放完。以后过程与前面类似,如图 8-8(e)所示。

电容元件是储能元件,它并不消耗功率,即它的平均功率为零。

$$P = \frac{1}{T} \int_0^T P \mathrm{d}t = \frac{1}{T} \int_0^T UI \sin(2\omega t + 2\varphi_u) \mathrm{d}t = 0 \tag{8-20}$$

我们同样地把它的瞬时功率的最大值

$$Q_C = UI = I^2 X_C = \frac{U^2}{X_C} \tag{8-21}$$

称为无功功率,它代表外部能量转化为电磁能量的最大速率。在 SI 制中其主单位为无功伏安,记作乏(var)。

例 8-5 已知一电容元件,$C = 4\ \mu\mathrm{F}$,接在电压为 $i = 10\sqrt{2} \sin(314t - 45°)\ \mathrm{A}$ 的电源上。试求电容元件的容抗、两端电压及无功功率,并作出电压、电流相量图。

解:(1)由式(8-18)得电容元件的容抗为

$$X_C = \frac{1}{\omega C} = \frac{1}{314 \times 4 \times 10^{-6}} = 8\ \Omega$$

(2)电流的相量为

$$\dot{I} = 10 \angle -45°\ \mathrm{A}$$

根据式(8-19)得电容两端电压的相量为

$$\dot{U}=-\mathrm{j}\frac{1}{\omega C}\dot{I}=-\mathrm{j}\,X_C\,\dot{I}$$

$$=-\mathrm{j}8\times10\angle-45°=80\angle-135°\ \mathrm{V}$$

则电容两端电压的瞬时值表达式为

$$u=80\sqrt{2}\sin(314t-135°)\ \mathrm{V}$$

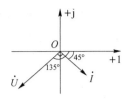

图 8-9　例 8-5 相量图

（3）根据式(8-21)得无功功率为

$$Q_C=UI=80\times10=800\ \mathrm{var}$$

（4）电压、电流相量图如图 8-9 所示。

8.2.4　基尔霍夫定律的相量形式

通过上节对正弦电路中的电阻、电感、电容元件上伏安关系的分析,可知,当用相量表示正弦量后,可使计算过程简化。而电路元件的伏安关系和 KCL、KVL 是分析各种电路的基本依据,为了系统地采用相量法,本节将导出 KCL、KVL 定律的相量形式。

在时域中基尔霍夫电流定律(KCL)表达式为

$$\sum_{K=1}^{n}i_K=0$$

在正弦稳态电路中,各支路电流都是同频率的正弦量,假设 $i_K=\sqrt{2}I_K\sin(\omega t+\varphi_K)$,则有

$$\sum_{K=1}^{n}\mathrm{Im}\left[\sqrt{2}\,\dot{I}_K\,\mathrm{e}^{\mathrm{j}\omega t}\right]=\mathrm{Im}\left[\sqrt{2}\,\mathrm{e}^{\mathrm{j}\omega t}\sum_{K=1}^{n}\dot{I}_K\right]=0$$

由于上式对任何 t 时刻成立,故有

$$\sum_{K=1}^{n}\dot{I}_K=0 \tag{8-22}$$

此即为正弦电路中,基尔霍夫电流定律(KCL)的相量表达式。它表明,在集中参数电路的正弦稳态电路中,流出(或流入)任一节点的各支路电流相量的代数和为零。

同理可得,基尔霍夫电压定律(KVL)的相量形式为

$$\sum_{K=1}^{n}\dot{U}_K=0 \tag{8-23}$$

上式表明,在集中参数正弦稳态电路中,沿任一回路各支路电压相量的代数和为零。

注意式中各项均是电压或电流的相量,而它们的有效值一般是不满足 KCL 和 KVL 定律的,请初学者特别要注意这一点。

例 8-6　已知电路如图 8-10 所示,第一只电压表读数为 15 V,第二只电压表读数为 80 V,第三只电表读数为 100 V。试求电路的电压 U 值。

解：因为是串联电路,所以设电流为参考正弦量,即 $\varphi_i=0$。根据电压表读数均为有效值和式(8-5)、式(8-9)、式(8-19),故把各表读数写成相量形式,即为

$$\dot{U}_1=15\angle0°\ \mathrm{V}$$

$$\dot{U}_2=80\angle90°\ \mathrm{V}$$

$$\dot{U}_3=100\angle-90°\ \mathrm{V}$$

则由 KVL 得

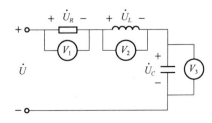

图 8-10　例 8-6 电路

$$\dot{U}=\dot{U}_1+\dot{U}_2+\dot{U}_3=15\angle0°+80\angle90°+100\angle-90°$$

$$=15(\cos0°+j\sin0°)+80(\cos90°+j\sin90°)+100[\cos(-90°)+j\sin(-90°)]$$

$$=15+j80-j100=15-j20=\sqrt{15^2+(-20)^2}\angle\arctan\frac{-20}{15}$$

$$=25\angle-53.1°\text{ V}$$

所以

$$U=25\text{ V}$$

思考与练习

8.2.1 指出下列各式在电流、电压关联参考方向下,是否正确?

(1) $X_L=j\omega L$ (2) $X_L=\omega L$ (3) $X_C=-j\dfrac{1}{\omega C}$ (4) $X_C=\omega C$

(5) $u=Ri$ (6) $u=X_Li$ (7) $\dot{U}=X_L\dot{I}$ (8) $\dot{U}_m=j\omega L\dot{I}$

(9) $\dot{I}=j\dfrac{1}{\omega L}\dot{U}_m$ (10) $\dot{U}=j\omega C\dot{I}$ (11) $u=C\dfrac{di}{dt}$ (12) $P=I^2X_C$

8.2.2 电感元件 $L=19.1\text{ mH}$,接在电压为 $u=220\sqrt{2}\sin(314t+30°)\text{ V}$ 的电源上。试求电感元件的感抗 X_L、电流 I 及无功功率 Q_L。

8.2.3 电容元件 $C=0.5\text{ F}$,接在电流为 $i=1.41\sin(314t+30°)\text{ A}$ 的电源上。试求电容元件的容抗 X_C、两端电压 U 及无功功率 Q_C。

8.2.3 题 8.2.3 图所示各正弦交流电路中,电流表 PA 的读数都是 10 A,电流表 PA_1 的读数都是 8 A,试分别求各电路中电流表 PA_2 的读数。

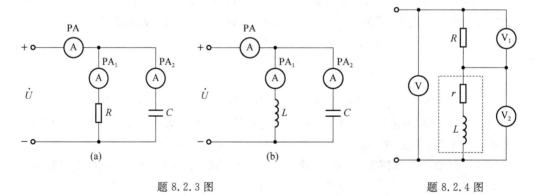

题 8.2.3 图   题 8.2.4 图

8.2.4 题 8.2.4 图所示的是用三块电压表测定交流线圈等值电阻 r 和等值电感 L 的电路。已知串联附加电阻 $R=100\ \Omega$,电源频率 $f=50\text{ Hz}$,三块电压表的读数分别为 $U_1=U_2=11.5\text{ V}$,$U=20\text{ V}$。试求 r 和 L。

8.3 正弦稳态电路分析

8.3.1 阻抗和导纳

1. 阻抗

(1) RLC 串联电路的阻抗

RLC 串联电路如图 8-11(a) 所示,图中标出了各电压电流的参考方向,假设作用于 RLC 串联电路两端的电压和通过的电流为

$$u=\sqrt{2}U\sin(\omega t+\varphi_u)$$
$$i=\sqrt{2}I\sin(\omega t+\varphi_i)$$

根据 KVL 得

$$u=u_R+u_L+u_C$$

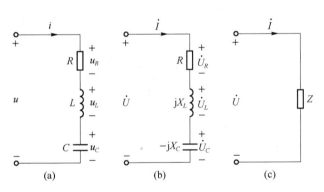

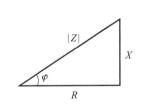

图 8-11 RLC 串联交流电路　　　　　图 8-12 RLC 串联电路的阻抗三角形

其对应的相量形式

$$\dot{U}=\dot{U}_R+\dot{U}_L+\dot{U}_C$$

根据三类基本元件电压电流关系的相量形式得

$$\dot{U}=R\,\dot{I}+\text{j}\omega L\,\dot{I}-\text{j}\frac{1}{\omega C}\dot{I}=\left[R+(\text{j}\omega L-\text{j}\frac{1}{\omega C})\right]\dot{I}=\left[R+(\text{j}\,X_L-\text{j}\,X_C)\right]\dot{I}$$

$$=(R+\text{j}X)\dot{I}$$

设

$$Z=R+\text{j}X \tag{8-24}$$

则

$$\dot{U}=Z\,\dot{I} \tag{8-25}$$

Z 称为复阻抗,它等于电压相量除以对应端口的电流相量。复阻抗的实部 R 就是电路的电阻;复阻抗的虚部 $X=X_L-X_C$ 是电路中感抗与容抗之差,称为电抗。根据式(8-25),电路可用复阻抗 Z 来等效,如图 8-11(c) 所示。

　　复阻抗 Z 的单位与电阻的单位相同。它不是代表正弦量的复数,所以它不是相量,因此

不在大写字母上加小圆点。

单一的电阻、电感、电容元件可以看成是复阻抗的一种特例，它们对应的复阻抗分别为 $Z=R$；$Z=j\omega L$；$Z=-j\dfrac{1}{\omega C}$。

复阻抗也可以表达成指数形式、极坐标形式和三角函数形式，如

$$Z=|Z|e^{j\varphi}=|Z|\angle\varphi=|Z|\cos\varphi+j|Z|\sin\varphi \tag{8-26}$$

式中，$|Z|=\sqrt{R^2+\left(\omega L-\dfrac{1}{\omega C}\right)^2}=\sqrt{R^2+X^2}$ 是复阻抗的模；$\varphi=\text{acrtg}\dfrac{X}{R}=\text{acrtg}\dfrac{\omega L-\dfrac{1}{\omega C}}{R}$ 是复阻抗的辐角。由上两式可知，复阻抗的模 $|Z|$ 与其实部 R 和虚部 X 构成一个直角三角形，称为阻抗三角形，如图 8-12 所示。

由式(8-17)得

$$Z=\frac{\dot{U}}{\dot{I}}=\frac{U\angle\varphi_u}{I\angle\varphi_i}=\frac{U}{I}\angle\varphi_u-\varphi_i=|Z|\angle\varphi$$

其中

$$\left.\begin{array}{l}|Z|=\dfrac{U}{I}=\dfrac{U_m}{I_m}\\[2mm]\varphi=\varphi_u-\varphi_i\end{array}\right\} \tag{8-27}$$

由此可见，阻抗模 $|Z|$ 等于电压相量 $\dot{U}$ 与电流相量 $\dot{I}$ 的模之比，阻抗角是电压 u 和电流 i 的相位差，即等于电压相量 $\dot{U}$ 超前电流相量 $\dot{I}$ 的相位角。若 $\varphi>0$，则表示电压 u 超前电流 i；若 $\varphi<0$，则表示电压 u 滞后电流 i。

（2）电路的性质

由于电抗

$$X=X_L-X_C=\omega L-\frac{1}{\omega C}$$

与频率有关，因此，在不同的频率下，RLC 串联电路有不同的性质，下面分别进行说明。

① 当 $\omega L>\dfrac{1}{\omega C}$ 时，$X>0$，$\varphi>0$，电压 $\dot{U}$ 超前电流 $\dot{I}$，电路中电感的作用大于电容的作用，这时电路呈现感性。电路阻抗可以等效成电阻与电感串联的电路。

② 当 $\omega L=\dfrac{1}{\omega C}$ 时，$X=0$，$\varphi=0$，电压 $\dot{U}$ 与电流 $\dot{I}$ 同相，电路中电感的作用与电容的作用相互抵消，这时电路呈现阻性。电路阻抗可以等效成电阻 R。

③ 当 $\omega L<\dfrac{1}{\omega C}$ 时，$X<0$，$\varphi<0$，电压 $\dot{U}$ 滞后电流 $\dot{I}$，电路中电感的作用小于电容的作用，这时电路呈现容性。电路阻抗可以等效成电阻与电容串联的电路。

（3）RLC 串联电路的相量图

RLC 串联电路电压与电流的关系还可以用相量图表示。由于通过各元件的电流是同一个电流，选取电流相量为参考相量，并假设电流的初相角为零，即有 $\dot{I}=I\angle0°$。（注意：一个电路中只能选一个参考相量，一般串联电路选电流，并联电路选电压。）电阻上电压 $\dot{U}_R$ 与 $\dot{I}$ 同相，其模 $U_R=RI$。电感上电压相量 $\dot{U}_L$ 超前电感上电流相量 $\dot{I}$ 90°，其模 $U_L=X_LI$。电容上电压相

量 $\dot{U}_C$ 滞后电容上电流相量 $\dot{I}$ 90°,其模 $U_C = X_C I$。因此,根据串联电路 KVL 的相量形式,得

$$\dot{U} = \dot{U}_R + \dot{U}_L + \dot{U}_C = \dot{U}_R + \dot{U}_X$$

式中 $\dot{U}_X = \dot{U}_L + \dot{U}_C$,称为电抗电压。

① 当 $X_L > X_C$ 时,$U_L > U_C$,电压 $\dot{U}$ 等于三个电压相量之和。画出相量图,如图 8-13(a)所示。由图可知,电压 $\dot{U}$ 超前电流 $\dot{I}$,超前的角度即 φ。

② 当 $X_L = X_C$ 时,$U_L = U_C$,电压 $\dot{U}$ 的模等于电阻上电压 $\dot{U}_R$ 的模,即 $U = U_R$,且与电流 $\dot{I}$ 同相。相量图如图 8-13(b)所示。这种情况称为 RLC 串联电路发生串联谐振,又称为电压谐振。

③ 当 $X_L < X_C$ 时,$U_L < U_C$,电压 $\dot{U}$ 等于三个电压相量之和,画出相量图,如图 8-13(c)所示。由图可见,此时电压 $\dot{U}$ 滞后电流 $\dot{I}$,滞后的角度即 φ。

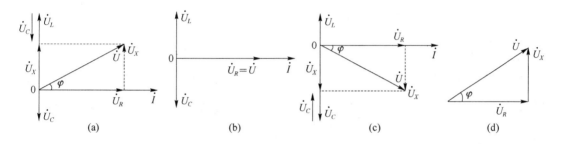

图 8-13 RLC 串联电路的相量图

在相量图中可以看出,电压相量 $\dot{U}$、$\dot{U}_R$、$\dot{U}_X$ 可以组成一个直角三角形,称为电压三角形,如图 8-13(d)所示。将阻抗三角形的每边乘以 I,即得电压三角形各边长,所以电压三角形和阻抗三角形相似。

由电压三角形可得

$$\left.\begin{array}{l} U = \sqrt{U_R^2 + U_X^2} = \sqrt{(U_R^2 + (U_L - U_C)^2} \\[2mm] \varphi = \text{arctg}\, \dfrac{U_X}{U_R} = \text{arctg}\, \dfrac{U_L - U_C}{U_C} \end{array}\right\} \tag{8-28}$$

例 8-7 已知 RLC 串联电路中,$R = 30\ \Omega$,$L = 128\ \text{mH}$,$C = 40\ \mu\text{F}$,设电流与电压为关联参考方向,端口电压为 $u = 413\sin(314t - 30°)\ \text{V}$。

求(1)感抗、容抗和阻抗;(取整数)(2)电流 i;(3)各元件上的电压。

解:(1)
$$X_L = \omega L = 314 \times 128 \times 10^{-3} = 40\ \Omega$$

$$X_C = \frac{1}{\omega C} = \frac{1}{314 \times 40 \times 10^{-6}} = 80\ \Omega$$

$$X = X_L - X_C = 40 - 80 = -40\ \Omega$$

$$Z = R + jX = 30 - j40 = 50 \angle -53.1°\ \Omega$$

(2)将电压用相量表示为

$$\dot{U} = \frac{413}{\sqrt{2}} \angle -30° = 292 \angle -30°\ \text{V}$$

则

$$\dot{I}=\frac{\dot{U}}{Z}=\frac{292\angle-30°}{50\angle-53.1°}=5.84\angle23.1°\ \text{A}$$

$$i=5.84\sqrt{2}\sin(314t+23.1°)\ \text{A}$$

(3)
$$\dot{U}_R=R\ \dot{I}=30\times5.84\angle23.1°=175.2\angle23.1°\ \text{V}$$

$$u_R=175.2\sqrt{2}\sin(314t+23.1°)\ \text{V}$$

$$\dot{U}_L=jX_L\ \dot{I}=40\angle90°\times5.84\angle23.1°$$
$$=233.6\angle113.1°$$

$$u_L=233.6\sqrt{2}\sin(314t+113.1°)\ \text{V}$$

$$\dot{U}_C=-jX_C\ \dot{I}$$
$$=80\angle-90°\times5.84\angle23.1°$$
$$=467.2\angle66.9°\ \text{V}$$

$$u_C=467.2\sqrt{2}\sin(314t+66.9°)\ \text{V}$$

(4)复阻抗

① 复阻抗的串联

如图 8-14(a)所示是两个复阻抗串联的电路。根据 KVL 得

$$\dot{U}=\dot{U}_1+\dot{U}_2=Z_1\ \dot{I}+Z_2\ \dot{I}=(Z_1+Z_2)\ \dot{I}$$

两个串联复阻抗可用一个等效复阻抗 Z 来代替即

$$\dot{U}=Z\ \dot{I}$$

式中 $Z=Z_1+Z_2$,称为串联电路的等效复阻抗。等效电路如图 8-14(b)所示。

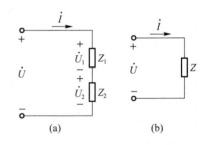

图 8-14 两阻抗串联及等效电路

同理可得,对于 n 个复阻抗串联而成的电路,其等效复阻抗为

$$Z=Z_1+Z_2+\cdots+Z_n \tag{8-29}$$

复阻抗的串联存在分压关系。当两个复阻抗 Z_1 和 Z_2 串联时,两个复阻抗的电压分配为

$$\left.\begin{array}{c}\dot{U}_1=\dfrac{Z_1}{Z_1+Z_2}\dot{U}\\[3mm]\dot{U}_2=\dfrac{Z_2}{Z_1+Z_2}\dot{U}\end{array}\right\} \tag{8-30}$$

例 8-8 在图 8-15(a)所示电路中,若 $Z_1=5+j5\ \Omega$, $Z_2=10-j25\ \Omega$,电压 $u=220\sqrt{2}\sin(100\pi t+30°)\text{V}$。求(1)电路的电流 $\dot{I}$;(2)各元件上的电压 u_1、u_2;(3)判断电路的性质。

解:(1)根据式(8-29),可得等效复阻抗为

$$Z=Z_1+Z_2=5+j5+10-j25=15-j20=25\angle-53.1°\ \Omega$$

电压的相量为

$$\dot{U}=220\angle30°\ \text{V}$$

可得电流的相量为

$$\dot{I}=\frac{\dot{U}}{Z}=\frac{220\angle30°}{25\angle-53.1°}=8.8\angle83.1°\ \text{A}$$

（2）
$$\dot{U}_1 = Z_1 \dot{I} = (5+j5) \times 8.8 \angle 83.1° = 5\sqrt{2} \angle 45° \times 8.8 \angle 83.1°$$
$$= 44\sqrt{2} \angle 128.1° \text{ V}$$
$$u_1 = 88\sin(100\pi t + 128.1°) \text{ V}$$

$$\dot{U}_2 = Z_2 \dot{I} = (10-j25) \times 8.8 \angle 83.1° = 5\sqrt{29} \angle -67.17° \times 8.8 \angle 83.1° = 213.4 \angle 15.93° \text{ V}$$
$$u_2 = 213.4\sqrt{2}\sin(100\pi t + 15.93°) \text{ V}$$

（3）因为阻抗角 $\Psi = -53.1° < 0$，所以电路呈电容性。

② 复阻抗的并联

如图 8-15(a)所示是两个复阻抗并联的电路。根据根据 KCL 得

$$\dot{I} = \dot{I}_1 + \dot{I}_2 = \frac{\dot{U}}{Z_1} + \frac{\dot{U}}{Z_2} = \dot{U}\left(\frac{1}{Z_1} + \frac{1}{Z_2}\right)$$

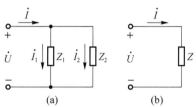

图 8-15　复阻抗的并联

两个并联阻抗可用一个等效复阻抗 Z 来代替即

$$\dot{I} = \frac{\dot{U}}{Z}$$

式中 $\dfrac{1}{Z} = \dfrac{1}{Z_1} + \dfrac{1}{Z_2}$，$Z$ 称为并联电路的等效复阻抗。等效电路如图 8-15(b)所示。

同理可得，对于 n 个复阻抗并联而成的电路，其等效复阻抗为

$$\frac{1}{Z} = \frac{1}{Z_1} + \frac{1}{Z_2} + \cdots + \frac{1}{Z_n} \tag{8-31}$$

复阻抗并联存在分流关系。当两个阻抗 Z_1 和 Z_2 并联时，两个阻抗的电流分配为

$$\left. \begin{aligned} \dot{I}_1 &= \frac{Z_2}{Z_1+Z_2}\dot{I} \\ \dot{I}_2 &= \frac{Z_1}{Z_1+Z_2}\dot{I} \end{aligned} \right\} \tag{8-32}$$

式中 $\dot{I}$ 是总电流，$\dot{I}_1$、$\dot{I}_2$ 分别为 Z_1 和 Z_2 上的电流。

例 8-9　如图 8-16 所示电路，已知 $R = X_L = X_C = 20\ \Omega$，电压相量为 $\dot{U} = 220\angle 60° \text{ V}$，求电流相量 $\dot{I}$、$\dot{I}_L$、$\dot{I}_C$。

解： $Z_1 = 20+j20 = 20\sqrt{2} \angle 45°\ \Omega$

$Z_2 = -j20 = 20 \angle -90°\ \Omega$

$$Z = \frac{Z_1 Z_2}{Z_1 + Z_2} = \frac{20\sqrt{2}\angle 45° \times 20\angle -90°}{20+j20-j20} = 20\sqrt{2}\angle -45°\ \Omega$$

电流相量

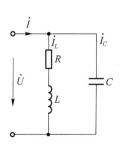

图 8-16　例 8-9 图

$$\dot{I} = \frac{\dot{U}}{Z} = \frac{220\angle 60°}{20\sqrt{2}\angle -45°} = 5.5\sqrt{2}\angle 105° \text{ A}$$

$$\dot{I}_L = \frac{\dot{U}}{Z_1} = \frac{220\angle 60°}{20\sqrt{2}\angle 45°} = 5.5\sqrt{2}\angle 15° \text{ A}$$

$$\dot{I}_C = \frac{\dot{U}}{Z_2} = \frac{220\angle 60°}{20\angle -90°} = 11\angle 150° \text{ A}$$

也可以用分流公式计算。

2. 导纳

（1）RLC 并联电路中的导纳

RLC 并联电路如图 8-17(a)所示，图中标出了各电压电流的参考方向，假设作用于 RLC 并联电路两端的电压和通过的电流为

$$u = \sqrt{2}U\sin(\omega t + \varphi_u)$$

$$i = \sqrt{2}I\sin(\omega t + \varphi_i)$$

根据 KCL 得

$$i = i_R + i_L + i_C$$

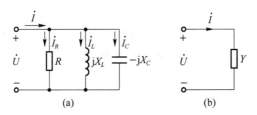

图 8-17　RLC 并联交流电路

其对应的相量形式

$$\dot{I} = \dot{I}_G + \dot{I}_L + \dot{I}_C$$

根据三类基本元件电压电流关系的相量形式得

$$\dot{I} = \frac{\dot{U}}{R} + \frac{\dot{U}}{j\omega L} + \frac{\dot{U}}{-j\frac{1}{\omega C}} = \left[\frac{1}{R} + \left(j\omega C - j\frac{1}{\omega L}\right)\right]\dot{U}$$

$$= \left[G + j(B_C - B_L)\right]\dot{U}$$

$$= (G + jB)\dot{U}$$

设

$$Y = G + jB \tag{8-33}$$

则

$$\dot{I} = Y\dot{U} \tag{8-34}$$

Y 称为复导纳，复导纳的实部 G 就是电路的电导；复导纳的虚部 $B = B_C - B_L$ 是电路中容纳与感纳之差，称为电纳。根据式(8-33)，电路可用复导纳来等效，如图 8-17(b)所示。

复导纳的单位与电导的单位相同。它不是代表正弦量的复数，所以它不是相量，因此不在大写字母上加小圆点。

单一的电阻、电感、电容元件可以看成是复导纳的一种特例,它们对应的复导纳分别为 $Y=G$；$Y_L=-\mathrm{j}\dfrac{1}{\omega L}$；$Y_C=\mathrm{j}\omega C$。

复阻抗也可以表示成指数形式、极坐标形式和三角函数形式,如

$$Y=|Y|\mathrm{e}^{\mathrm{j}\varphi}=|Y|\angle\varphi_Y=|Y|\cos\varphi_Y+\mathrm{j}|Y|\sin\varphi_Y \tag{8-35}$$

式中 $|Y|=\sqrt{G^2+B^2}$ 是复导纳的模；$\varphi_Y=\mathrm{arctg}\dfrac{B}{G}$ 是复导纳的辐角。由上可知,复导纳的模 $|Y|$ 与其实部 G 和虚部 B 构成一个直角三角形,称为导纳三角形,如图 8-18 所示。

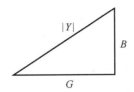

图 8-18　RLC 并联电路的导纳三角形

由式(8-34)得

$$Y=\frac{\dot{I}}{\dot{U}}=\frac{I\angle\varphi_i}{U\angle\varphi_u}=\frac{I}{U}\angle(\varphi_i-\varphi_u)=|Y|\angle\varphi_Y$$

其中

$$\left.\begin{array}{c}|Y|=\dfrac{I}{U}=\dfrac{I_{\mathrm{m}}}{U_{\mathrm{m}}}\\[2mm]\varphi_Y=\varphi_i-\varphi_u\end{array}\right\} \tag{8-36}$$

由此可见,复导纳的模 $|Y|$ 等于电流相量 $\dot{I}$ 与电压相量 $\dot{U}$ 的模之比,称为导纳；复导纳的辐角 φ_Y 是电流 i 和电压 u 的相位差,称为导纳角,等于电流相量 $\dot{I}$ 超前电压相量 $\dot{U}$ 的相位角。若 $\varphi>0$,则表示电流 i 超前电压 u；若 $\varphi<0$,则表示电流 i 滞后电压 u。复导纳综合反应了电流与电压的大小及相位关系。

(2) RLC 并联电路的性质

由于电抗

$$B=B_C-B_L=\omega C-\frac{1}{\omega L}$$

与频率有关,因此,在不同的频率下,RLC 并联电路有不同的性质,下面分别进行说明。

① 当 $B_C>B_L$ 时,$B>0$,$\varphi>0$,电流 $\dot{I}$ 超前电压 $\dot{U}$,电路中电容的作用大于电感的作用,这时电路呈现容性。

② 当 $B_C=B_L$ 时,$B=0$,$\varphi=0$,电压 $\dot{U}$ 与电流 $\dot{I}$ 同相,电路中电感的作用与电容的作用相互抵消,这时电路呈现阻性。

③ 当 $B_C<B_L$ 时,$B<0$,$\varphi<0$,电流 $\dot{I}$ 滞后电压 $\dot{U}$,电路中电容的作用小于电感的作用,这时电路呈现感性。

(3) RLC 并联电路的相量图

RLC 并联电路电压与电流的关系还可以用相量图表示,如图 8-19 所示。由于各元件的端电压是同一个电压,选取电压相量为参考相量,并假设电压的初相角为零,即有 $\dot{U}=U\angle0°$。

电阻上电压 $\dot{I}_R$ 与 $\dot{U}$ 同相,其模 $I=\dfrac{U}{R}$。电感上电流相量 $\dot{I}_L$ 滞后电压相量 $\dot{U}$ $90°$,其模 $I_L=\dfrac{U}{X_L}$。电容上电流相量 $\dot{I}_C$ 超前电压相量 $\dot{U}_C$ $90°$,其模 $I=\dfrac{U}{X_C}$。因此,根据并联电路 KCL 的相量形式,得

$$\dot{I}=\dot{I}_R+\dot{I}_L+\dot{I}_C=\dot{I}_R+\dot{I}_B$$

式中 $\dot{I}_B=\dot{I}_L+\dot{I}_C$。

 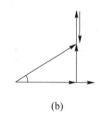 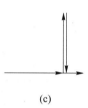 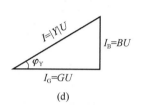

(a) (b) (c) (d)

图 8-19 RLC 并联电路的相量图

在相量图中可以看出,$\dot{I}_L$ 与 $\dot{I}_C$ 相量相位相反,所以 $I_B=|I_L-I_C|$。由图中可以看出 I_G、I_B、I 可以组成一个直角三角形,称为电流三角形,如图 8-19(d)所示。将导纳三角形的每边乘以 I,即得电流三角形各边长,所以电流三角形和导纳三角形相似。

由电流三角形可得

$$\left.\begin{array}{l} I=\sqrt{I_R^2+I_B^2}=\sqrt{(I_R^2+(I_L-I_C)^2} \\[2mm] \varphi=\operatorname{arctg}\dfrac{I_B}{I_R}=\operatorname{arctg}\dfrac{I_L-I_C}{I_R} \end{array}\right\} \tag{8-37}$$

例 8-10 已知 RLC 并联电路中,$R=100\ \Omega$,$L=150\ \text{mH}$,$C=100\ \mu\text{F}$,设电流与电压为关联参考方向,端口电压为 $i=141\sin(314t-30°)\text{mA}$。

求各元件上的电流及端电压的表达式。电路呈现什么性质?

解: 由已知条件可得

$$G=\frac{1}{R}=\frac{1}{100}=0.01\ \text{s}$$

$$B_L=\frac{1}{\omega L}=\frac{1}{314\times150\times10^{-3}}=0.021\ \text{s}$$

$$B_C=\omega C=314\times100\times10^{-6}=0.0314\ \text{s}$$

$$\begin{aligned} Y&=G+j(B_C-B_L)\\ &=0.01+j(0.0314-0.021)\\ &=0.01-j0.0104=0.0144\angle-46.1°\ \text{s} \end{aligned}$$

将电流用相量表示为

$$\dot{I}=\frac{141}{\sqrt{2}}\angle-30°=100\angle-30°\ \text{A}$$

则

$$\dot{U}=\frac{\dot{I}}{Y}=\frac{100\angle-30°\times10^{-3}}{0.0144\angle-46.1°}=6.94\angle16.1°\ \text{V}$$

$$u=6.94\sqrt{2}\sin(314t+16.1°)\ \text{A}$$

(3) $\dot{I}_R = G\dot{U} = 0.01 \times 6.94\angle 16.1° \text{ A} = 69.4\angle 16.1° \text{ mA}$

$i_R = 69.4\sqrt{2}\sin(314t + 16.1°) \text{ mA}$

$\dot{I}_L = -jB_L\dot{U} = (-j0.021) \times 6.94\angle 16.1° \text{ A} = 145.8\angle -73.9° \text{ mA}$

$i_L = 145.8\sqrt{2}\sin(314t - 73.9°) \text{ mA}$

$\dot{I}_C = jB_C\dot{U} = (j0.0314) \times 6.94\angle 16.1° \text{ A} = 217.9\angle 106.1° \text{ mA}$

$i_C = 217.9\sqrt{2}\sin(314t + 106.1°) \text{ mA}$

思　考　与　练　习

8.3.1.1　设 RLC 串联电路中各元件上电压与电流为关联参考方向,判断下列各式是否正确?

(1) $u = u_R + u_L + u_C$ 　　(2) $u = Ri + X_L i + X_c i$ 　　(3) $U = U_R + U_L + U_C$

(4) $U = U_R + j(U_L - U_C)$ 　　(5) $\dot{U} = \dot{U}_R + \dot{U}_L + \dot{U}_C$ 　　(6) $\dot{U} = \dot{U}_R + j(\dot{U}_L - \dot{U}_C)$

8.3.1.2　计算下列各题,并说明电路的性质(设电压与电流为关联参考方向)。

(1) $\dot{U} = 220\angle 30° \text{ V}, \dot{I} = 11\angle -30° \text{ A}, R = ?, X = ?$

(2) $u = 100\sqrt{2}\sin(\omega t - 45°)\text{V}, Z = (4 + j3)\Omega, i = ?$

(3) $i = 10\sqrt{2}\sin(\omega t + 60°)\text{A}, Z = (12 - j9)\Omega, \dot{U} = ?$

8.3.1.3　已知 $R = 30\ \Omega, L = 127\ \text{mH}, C = 40\ \mu\text{F}$ 的串联电路,试求在(1) $f = 50\ \text{Hz}$,(2) $f = 500\ \text{Hz}$ 时的串联等效电路。

8.3.1.4　在例 4-14 中,$I_L > I, I_C > I$,即部分电流大于总电流,这是为什么? 在 RLC 并联的交流电路中是否会出现 $I_G > I$ 情况? 为什么?

8.3.1.5　计算下列各题,并说明电路的性质。(设电压与电流为关联参考方向。)

(1) $\dot{U} = 220\angle 30° \text{ V}, \dot{I} = 11\angle -30° \text{ A}, R = ?, X = ?$

(2) $u = 100\sqrt{2}\sin(\omega t - 45°)\text{V}, Z = (4 + j3)\Omega, i = ?$

(3) $i = 10\sqrt{2}\sin(\omega t + 60°)\text{A}, Z = (12 - j9)\Omega, \dot{U} = ?$

8.3.2　正弦稳态电路的分析

由前面几节的讨论得知,正弦量用相量表示及引入阻抗概念后,基尔霍夫定律和支路特性方程仍然与线性电阻电路中相应的方程形式完全相同,因此,线性电阻电路中所有的分析方法对正弦交流电路分析都是适用的。具体地说,线性电阻元件的串、并联规则以及各种等效变换方法、支路法、节点法等一般分析计算方法,以及叠加定理、戴维南定和诺顿定理等均可推广到正弦交流电路中。

例 8-11　图 8-20 所示电路,已知 $Z_1 = (10 + j10)\ \Omega, Z_2 = -j10\ \Omega, i_S = 2\sqrt{2}\sin(314t)\ \text{A}$,求各支路电流 i_1 和 i_2、电流表的读数及电流源两端的电压 u_{ab}。

解:两阻抗并联,根据分流公式得

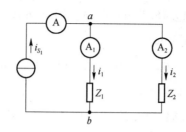

图 8-20 例 8-11 图

$$\dot{I}_1 = \dot{I}_s \frac{Z_2}{Z_1 + Z_2} = 2\angle 0° \times \frac{-j10}{10 + j10 - j10}$$

$$= \frac{20\angle -90°}{10} = 2\angle -90° \text{ A}$$

$$\dot{I}_2 = \dot{I}_s \frac{Z_1}{Z_1 + Z_2} = 2\angle 0° \times \frac{10 + j10}{10 + j10 - j10}$$

$$= 2\angle 0° \times \frac{10\sqrt{2}\angle 45°}{10} = 2\sqrt{2}\angle 45° \text{ A}$$

电流的瞬时值表达式为

$$i_1 = 2\sqrt{2}\sin(314t - 90°) \text{ A}$$

$$i_2 = 4\sin(314t + 45°) \text{ A}$$

电流源两端的电压为

$$\dot{U}_{ab} = \dot{I}_2 Z_2 = 2\sqrt{2}\angle 45° \times (-j10) = 20\sqrt{2}\angle -45° \text{ V}$$

所以

$$u_{ab} = 40\sin(314t - 45°) \text{ V}$$

例 8-12 图 8-21 所示电路,已知 $\dot{U}_s = 60\angle 0°$ V, $\dot{I}_s = 10\angle 30°$ A, $X_L = 10 \ \Omega, X_C = 6 \ \Omega$,求 $\dot{U}$。

解:方法一 电源的等效变换法

先将电压源 $\dot{U}_s$ 与 jX_L 的串联等效变换成电流源

$\dot{I}_{S_1}$ 与 jX_L 的并联如图 8-22(a)所示

$$\dot{I}_{S_1} = \frac{\dot{U}_s}{jX_L} = \frac{60\angle 0°}{j10} = 6\angle -90° \text{ A}$$

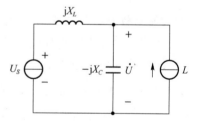

图 8-21 例 8-12 图

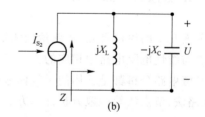

(a)   (b)

图 8-22 例 8-12 图

再将电流源 $\dot{I}_s$ 与 $\dot{I}_{S_1}$ 的并联合并成电流源 $\dot{I}_{S_2}$,如图 8-22(b)所示。

$$\dot I_{S_2} = \dot I_{S_1} + \dot I_S = 6\angle -90°+10\angle 30°$$
$$= -j6+8.66+j5=8.66-j1$$
$$= 8.72\angle -6.59° \text{ A}$$

端口电压为

$$\dot U = \dot I_{S_2} Z = \dot I_{S_2} \frac{jX_L \times (-jX_C)}{jX_L - jX_C} = 8.72\angle -6.59° \times \frac{j10 \times (-j6)}{j10 - j6}$$
$$= 8.72\angle -6.59° \times (-j15)$$
$$= 130.8\angle -96.59° \text{ V}$$

方法二 用叠加定理解。电压 $\dot U$ 是电压源单独作用时的电压 $\dot U'$ 和电流源 $\dot I_S$ 单独作用时的电压 $\dot U''$ 之和。

电压源 $\dot U_S$ 单独作用,电路如图 8-23(a)所示。

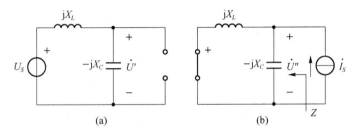

图 8-23 例 8-12 图

利用分压公式

$$\dot U' = \dot U_S \frac{-jX_C}{jX_L - jX_C} = 60\angle 0° \times \frac{-j6}{j10 - j6} = 90\angle 180° \text{ V} = -90 \text{ V}$$

电流源 $\dot I_S$ 单独作用,电路如图 8-28(b)所示

$$\dot U'' = \dot I_S \frac{jX_L \times (-jX_C)}{jX_L - jX_C} = 10\angle 30° \times \frac{j10 \times (-j6)}{j10 - j6} = 150\angle -60° \text{ V}$$

故得

$$\dot U = \dot U' + \dot U'' = -90 + 150\angle -60° = -90 + 75 - j129.9 = -15 - j129.9$$
$$= 130.76\angle 96.59° \text{ V}$$

例 8-13 求图 8-24 所示电路中的电流 $\dot I_1$ 和 $\dot I_2$。

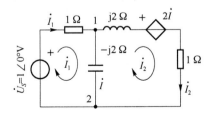

图 8-24 例 8-13 图

解:方法一 网孔法

$\dot I_1$ 和 $\dot I_2$ 正好是两个网孔的电流,利用网孔法解。

假定回路的绕行方向如图所示，

受控源的控制量为 $\dot{I}=\dot{I}_1-\dot{I}_2$，

列网孔方程

$$(1-j2)\dot{I}_1-(-j2)\dot{I}_2=1\angle 0°$$

$$-(-j2)\dot{I}_1+(j2+1-j2)\dot{I}_2=-2\dot{I}$$

将控制量代入方程，解得

$$\dot{I}_1=0.277\angle-146.3° \text{ A}$$

$$\dot{I}_2=0.784\angle-101° \text{ A}$$

方法二　利用节点法解

选取节点 2 为参考节点，则受控源的控制量为 $\dot{I}=\dfrac{\dot{U}_{12}}{-j2}$，列节点方程

$$(1+\frac{1}{-j2}+\frac{1}{1+j2})\dot{U}_{12}=\frac{\dot{U}_S}{1}+\frac{2\dot{I}}{(1+j2)}$$

将已知条件和控制量代入

$$(1+\frac{1}{-j2}+\frac{1}{1+j2})\dot{U}_{12}=\frac{1\angle 0°}{1}+\frac{2(\frac{\dot{U}_{12}}{-j2})}{(1+j2)}$$

$$(0.8-j0.1)\dot{U}_{12}=1$$

解得 $\dot{U}_{12}=1.24\angle 7.13° \text{ V}$

所以

$$\dot{I}=\frac{\dot{U}_{12}}{-j2}=\frac{1.24\angle 7.13°}{-j2}=0.62\angle 97.13° \text{ A}$$

$$\dot{I}_1=-\frac{\dot{U}_{12}-\dot{U}_S}{1}=-\frac{1.24\angle 7.13°-1\angle 0°}{1}=0.277\angle-146.3° \text{ A}$$

$$\dot{I}_2=\frac{\dot{U}_{12}-2\dot{I}}{1+j2}=\frac{1.24\angle 7.13-2\times0.62\angle 97.13°}{1+j2}=0.784\angle-101° \text{ A}$$

例 8-14　图 8-25(a)所示电路，已知 $u_S(t)=2\sqrt{2}\sin(100t) \text{ V}$，$R_1=R_2=1 \ \Omega$，$L=0.02 \text{ H}$，$C_1=C_2=0.01 \text{ F}$，利用戴维南定理求电压 u。

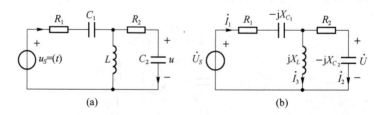

图 8-25　例 4-18 图

解：作出电路的相量模型，如图 8-25(b)所示，$\dot{U}_S=2\angle 0° \text{ V}$，

$\omega=100$，$X_L=\omega L=100\times0.02=2 \ \Omega$

$$X_{C1} = \frac{1}{\omega C_1} = \frac{1}{100 \times 0.01} = 1\ \Omega$$

$$X_{C2} = \frac{1}{\omega C_1} = \frac{1}{100 \times 0.01} = 1\ \Omega$$

(1) 断开待求支路,求开路电压$\dot{U}_{OC}$,如图 8-26(a)所示

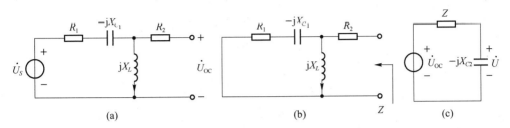

图 8-26　例 8-14 题

根据分压公式得

$$\dot{U}_{OC} = \dot{U}_S \times \frac{jX_L}{R_1 - jX_C + jX_L} = 2\angle 0° \times \frac{j2}{1 - j1 + j2} = 2\sqrt{2}\angle 45°\ V$$

(2) 电压源短路,求等效复阻抗 Z,如图 4-38(b)所示

$$Z = R_2 + \frac{(R_1 - jX_C) \times jX_L}{R_1 - jX_C + jX_L} = 1 + \frac{(1-j) \times j2}{1 - j + j2} = 3\ \Omega$$

(3) 作出戴维南等效电路,如图 4-26(c)所示,求电压。

$$\dot{U} = \dot{U}_{OC} \times \frac{-jX_C}{Z - jX_C} = 2\sqrt{2}\angle 45° \times \frac{-j}{3-j} = 2\sqrt{2}\angle 45° \times \frac{\sqrt{10}}{10}\angle -71.57°$$

$$= 0.894\angle -26.57°\ V$$

所以

$$u = 0.894\sqrt{2}\sin(100t - 26.57°)\ V$$

思考与练习

8.3.2.1　列写题 8.3.2.1 图所示电路的节点方程和网孔方程。

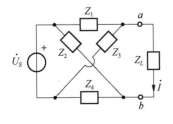

题 8.3.2.1 图

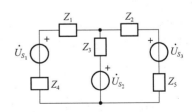

题 8.3.2.2 图

8.3.2.2　题 8.3.2.2 图所示电路,已知 $Z_1 = (1+j2)\ \Omega$,$Z_2 = (1-j2)\ \Omega$,$Z_3 = (2+j)\ \Omega$,

$Z_4 = (2-j)\ \Omega$,$Z_L = (\frac{1}{3}+j2)\ \Omega$,$\dot{U}_S = 10\angle 0°\ V$,试用戴维南定理求电流 $\dot{I}$。

8.3.3 正弦交流电路中的功率

1. 瞬时功率

对于一个无源二端网络如图 8-27(a) 所示,设端口电压和电流在关联参考方向下,分别为

$$u=\sqrt{2}U\sin(\omega t+\varphi)$$

$$i=\sqrt{2}I\sin \omega t$$

二端网络的瞬时功率为

$$p = ui=\sqrt{2}U\sin(\omega t+\varphi)\times\sqrt{2}I\sin \omega t \qquad (8\text{-}38)$$
$$=UI\cos \varphi-UI\cos(2\omega t+\varphi)$$

式中 $\varphi=\varphi-\varphi$ 为电压和电流之间的相位差,且 $\varphi\leqslant\pi/2$。上式说明瞬时功率有两个分量,第一项与电阻元件的瞬时功率相似,始终大于或等于零,是网络吸收能量的瞬时功率。第二项与电感元件或电容元件的瞬时功率相似,其值正负交替,是网络与外部电源交换能量的瞬时功率,如图 8-27(b) 所示。

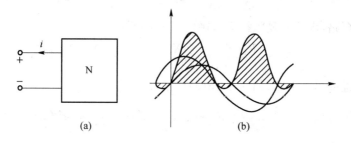

(a)   (b)

图 8-27 二端网络的功率

2. 有功功率(平均功率)

瞬时功率在一个周期内的平均值称为平均功率,又称有功功率,则

$$P = \frac{1}{T}\int_0^T p\mathrm{d}t = \frac{1}{T}\int_0^T\left[UI\cos \varphi-UI\cos(2\omega t+\varphi)\right]\mathrm{d}t \qquad (8\text{-}39)$$
$$= UI\cos \varphi$$

有功功率代表电路实际消耗的功率,它不仅与电压和电流有效值的乘积有关,并且与它们之间相位差的余弦有关。由于电感、电容元件的有功功率为零,因此电路中的有功功率等于各电阻元件消耗的功率之和。

3. 无功功率

为了衡量电路交换能量的规模,工程中还引用了无功功率的概念,用大写字母 Q 表示,单位为乏(var),即

$$Q=UI\sin \varphi \qquad (8\text{-}40)$$

无功功率反映了网络与外部电源进行能量交换的最大速率,"无功"意味着"交换而不消耗",不能理解为"无用"。Q 值是一个代数量,对于感性网络电压超前电流,φ 值为正,网络的无功功率为正值,称为感性无功功率;对于容性网络电压滞后电流,φ 值为负,网络无功功率为负值,称为容性无功功率。如果电路中既有电感元件又有电容元件时,电路总的无功功率就等于电感的无功功率与电容的无功功率之差。即:$Q=Q_L-Q_C$

4．视在功率

在正弦交流电路中，电压有效值与电流有效值的乘积称为网络的视在功率，用大写字母 S 表示，单位为伏安（VA）或千伏安（KVA），即

$$S = UI \tag{8-41}$$

在使用电气设备时，通常情况下，电压、电流都不能超过其额定值，因此，视在功率表明了电气设备"容量"的大小。

因为

$$P = UI\cos\varphi = S\cos\varphi, \ Q = UI\sin\varphi = S\sin\varphi$$

所以

$$S = UI = \sqrt{P^2 + Q^2}, \ \varphi = \arctan\frac{Q}{P} \tag{8-42}$$

由此可见，S、P、Q 三者也构成了一个直角三角形，称为功率三角形，与阻抗三角形、电压三角形为相似三角形，如图 8-28 所示。

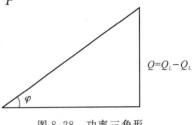

$Q = Q_L - Q_L$

图 8-28　功率三角形

5．功率因数

由功率三角形、阻抗三角形和电压三角形中我们可得到

$$\cos\varphi = \frac{P}{S} = \frac{R}{|Z|} = \frac{U_R}{U} \tag{8-43}$$

$\cos\varphi$ 称为功率因数，显然功率因数反映了有功功率和视在功率的比值，前者是电路所消耗的功率，后者代表电源所能输出的最大有功功率，因此功率因数表示电源功率被利用的程度。

$$0 \leqslant \cos\varphi \leqslant 1$$

一般交流电器都是按额定电压和额定电流来设计的，用电压和电流有效值的乘积（即视在功率 S）表示各种用电器的功率容量，能否送出额定功率，决定于负载的功率因数。

电力工程中，像白炽灯、电炉一类的电阻负载，其 $\cos\varphi = 1$，但这类纯电阻性负载只占用电器中的极小一部分，大部分是作动力用的异步电动机等感性负载，这些感性负载在满载时功率因数一般可达到 0.7～0.85 左右，空载或轻载时功率因数则很低；其他的感性负载如日光灯，功率因数通常为 0.3～0.5。只要负载的功率因数不等于 1，它的无功功率就不等于零，这意味着它从电源接受的能量中有一部分是交换而不消耗，功率因数越低，交换部分所占比例越大。

例 8-15　已知图 8-29 所示电路中，$Z_1 = 20 + j15 \ \Omega$，$Z_2 = 10 - j55 \ \Omega$，外加电压的有效值为 220 V。试求各负载及全电路的平均功率、无功功率、视在功率及功率因数。

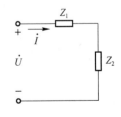

图 8-29　例 8-15 图

解：电路的阻抗为

$$Z = Z_1 + Z_2 = 20 + j15 + 10 - j55 = 30 - j40 = 50\angle-53.1° \ \Omega$$

设端口电压为参考相量，即

$$\dot{U} = 220\angle0° \ V$$

则

$$\dot{I} = \frac{\dot{U}}{Z} = \frac{220\angle0°}{50\angle-53.1°} = 4.4\angle53.1 \ A$$

负载 Z_1 的 P_1、Q_1、S_1 分别为：

$$P_1 = R_1 I^2 = 20 \times 4.4^2 = 387.2 \text{ W}$$

$$Q_1 = X_1 I^2 = 15 \times 4.4^2 = 290.4 \text{ Var}$$

$$S_1 = \sqrt{P_1^2 + Q_1^2} = \sqrt{387.2^2 + 290.4^2} = 484 \text{ VA}$$

$$\cos \varphi_1 = \frac{P_1}{S_1} = \frac{387.2}{484} = 0.8$$

负载 Z_2 的 P_2、Q_2、S_2 分别为：

$$P_2 = R_2 I^2 = 10 \times 4.4^2 = 193.6 \text{ W}$$

$$Q_2 = X_2 I^2 = -55 \times 4.4^2 = -1064.8 \text{ Var}$$

$$S_2 = \sqrt{P_2^2 + Q_2^2} = \sqrt{193.6^2 + (-1064.8)^2} = 1082.3 \text{ VA}$$

$$\cos \varphi_2 = \frac{P_2}{S_2} = \frac{193.6}{1082.3} = 0.18$$

全电路的 P、Q、S 分别为：

$$P = P_1 + P_2 = 387.2 + 193.6 = 580.8 \text{ W}$$

$$Q = Q_1 + Q_2 = 290.4 + (-1064.8) = -774.4 \text{ Var}$$

$$S = \sqrt{P^2 + Q^2} = \sqrt{580.8^2 + (-774.4)^2} = 968 \text{ VA}$$

$$\cos \varphi = \frac{P}{S} = \frac{580.8}{968} = 0.6$$

思 考 与 练 习

试说明正弦交流电路中的有功功率、无功功率、视在功率的意义，三者间有何关系？

8.3.4 复功率

在正弦电路中，为了能直接应用电压相量与电流相量来计算功率，工程上常把有功功率 P 作为实部，无功功率 Q 作为虚部构成的一个复数，称为复功率。为了区别相量和一般复数，用 $\tilde{S}$ 来表示复功率，即

$$\tilde{S} = P + \text{j}Q \tag{8-44}$$

将式(8-38)和式(8-39)代入得

$$\tilde{S} = S\cos \varphi + \text{j}S\sin \varphi = UI\cos \varphi + \text{j}UI\sin \varphi = UI \text{ e}^{\text{j}\varphi} = UI \text{ e}^{\text{j}(\varphi_u - \varphi_i)} = U \angle \varphi_u \, I \angle \varphi_i$$
$$= \dot{U} \overset{*}{I} \tag{8-45}$$

式中，$\overset{*}{I} = I \angle -\varphi_i$，为电流相量 $\dot{I}$ 的共轭相量。

可以证明，对于任何复杂的正弦电路，其总的有功功率等于电路中各部分有功功率的代数和；总的无功功率等于各部分无功功率的代数和。在一般情况下，总的视在功率不等于各部分视在功率的代数和，但总的复功率还是等于各部分复功率之和。

例 8-15 已知图 8-30 所示电路中，电压表读数为 50 V，电流表读数为 1 A，功率表（线圈电阻所吸收的有功功率）30 W，电源频率为 50 Hz。试求线圈的参数 R 和 L 的值。

解： 由电路图可知电路呈感性，设串联阻抗为 Z，则

$$Z = R + jX_L = R + j\omega L$$

因电压表和电流表的读数分别为 50 V 和 1 A，由欧姆定律得

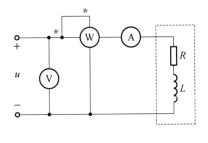

$$|Z| = \frac{U}{I} = \frac{50}{1} = 50\ \Omega$$

由功率表读数为 30 W，即串联电路中电阻 R 所吸收的功率，则

图 8-30　例 8-15 电路

$$P = RI^2$$

所以

$$R = \frac{P}{I^2} = \frac{30}{1} = 30\ \Omega$$

又

$$|Z| = \sqrt{R^2 + X_L^2} = \sqrt{R^2 + (\omega L)^2}$$

则有

$$X_L = \omega L = \sqrt{|Z|^2 - R^2} = \sqrt{50^2 - 30^2} = 40\ \Omega$$

所以

$$L = \frac{X_L}{\omega} = \frac{X_L}{2\pi f} = \frac{40}{2\pi \times 50} = 0.13\ \text{H}$$

或者由 $P = UI\cos\varphi$ 得

$$\cos\varphi = \frac{P}{UI} = \frac{30}{50 \times 1} = 0.6$$

所以

$$\varphi = \arccos 0.6 = 53.1°$$

则

$$X_L = \omega L = |Z|\sin\varphi = 50 \times \sin 53.1° = 40\ \Omega$$

所以

$$L = \frac{X_L}{\omega} = \frac{X_L}{2\pi f} = \frac{40}{2\pi \times 50} = 0.13\ \text{H}$$

例 8-16　已知图 8-31 所示电路中，$Z_1 = 20 + j15\ \Omega$，$Z_2 = 10 - j5\ \Omega$，外加电压的有效值为 220 V。试求各负载及全电路的平均功率、无功功率、视在功率及功率因数。

解： 电路的阻抗为

$$Z = Z_1 + Z_2 = 20 + j15 + 10 - j5 = 30 + j10 = 31.62\angle 18.43°\ \Omega$$

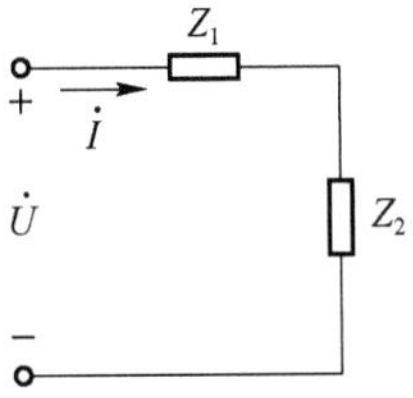

设端口电压为参考相量，即

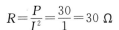

$$\dot{U} = 220\angle 0°\ \text{V}$$

则

$$\dot{I} = \frac{\dot{U}}{Z} = \frac{220\angle 0°}{31.62\angle 18.43°} = 6.96\angle -18.43°\ \text{A}$$

图 8-31　例 8-16 电路

负载 Z_1 吸收的 P_1、Q_1、S_1 及功率因数分别为：

$$P_1 = R_1 I^2 = 20 \times 6.96^2 = 968.83\ \text{W}$$

$$Q_1 = X_1 I^2 = 15 \times 6.96^2 = 726.62\ \text{var}$$

$$S_1 = \sqrt{P_1^2 + Q_1^2} = \sqrt{968.83^2 + 726.62^2} = 1211.04 \text{ VA}$$

$$\cos \varphi_1 = \frac{P_1}{S_1} = \frac{968.83}{1211.04} = 0.8$$

负载 Z_2 吸收的 P_2、Q_2、S_2 及功率因数分别为:

$$P_2 = R_2 I^2 = 10 \times 6.96^2 = 484.42 \text{ W}$$

$$Q_2 = X_2 I^2 = -5 \times 6.96^2 = -242.21 \text{ var}$$

$$S_2 = \sqrt{P_2^2 + Q_2^2} = \sqrt{484.42^2 + (-242.21)^2} = 541.6 \text{ VA}$$

$$\cos \varphi_2 = \frac{P_2}{S_2} = \frac{484.42}{541.6} = 0.894$$

全电路吸收的 P、Q、S 及功率因数分别为:

$$P = P_1 + P_2 = 968.83 + 484.42 = 1453.25 \text{ W}$$

$$Q = Q_1 + Q_2 = 726.62 + (-242.21) = 484.41 \text{ var}$$

$$S = \sqrt{P^2 + Q^2} = \sqrt{1453.25^2 + 484.41^2} = 1531.86 \text{ VA}$$

$$\cos \varphi = \frac{P}{S} = \frac{1453.25}{1531.86} = 0.949$$

思考与练习

8.3.4.1　试说明正弦交流电路中的有功功率、无功功率、视在功率、复功率的意义,并说明之间存在的关系。

8.3.4.2　已知无源二端网络端口电压 $\dot{U} = 50 \angle 45° \text{ V}$、电流 $\dot{I} = 8 \angle 60° \text{ A}$,求该网络的有功功率、无功功率、视在功率,并说明电路的性质。

8.3.4.3　一台变压器标称视在功率为 10 kVA,如果负载为功率因数为 0.75 的感性负载,问最大能提供多少有功功率? 若功率因数为 0.9,最大能提供多少有功功率?

8.3.4.4　分别求题 8.3.4.4 图所示的两个电路中负载吸收的有功功率、无功功率及功率因数。

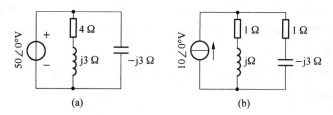

题 8.3.4.4 图

8.3.5　最大传输功率

负载电阻从具有内阻的直流电源获得最大功率条件很容易求得。在负载电阻 $R = R_i$ 时 (R_i 电源内阻),负载获最大功率。

设电路如图 4-42 所示，交流电压源 U_{S_1} 的内阻抗为 $Z_S = R_S + jX_S$，负载阻抗则为 $Z_L = R_L + jX_L$。负载电阻获得最大功率条件取决于参数 $L，C$ 的值，与变量无关。

设给定电源及其内阻抗是不变的，若负载电阻及电抗均可独立的变化，此时获得最大功率条件为：

由图 4-42 所示电路可知，电路电流为

$$I_1 = \frac{U_{S_1}}{(R_S + R_L) + j(X_S + X_L)}$$

电流有效值为

$$I = \frac{U_S}{\sqrt{(R_S + R_L)^2 + (X_S + X_L)^2}}$$

得负载电阻的功率为

$$P_L = I^2 R_L = \frac{U_S^2}{(R_S + R_L)^2 + (X_S + X_L)^2} R_L \tag{8-46}$$

对任何电阻 R_L 来说，当 $X_L = -X_S$ 时式(4-22)分母值最小，此时功率为

$$P_L = \frac{U_S^2 R_L}{(R_S + R_L)^2}$$

再令

$$\frac{dP_L}{dR_L} = 0$$

解得，当 $R_L = R_S$ 功率最大。因此，$R_L = R_S，X_L = -X_S$ 是负载获得最大功率的条件，即 $R_S + jX_S$ 和 $R_L + jX_L$ 是共轭复数时，负载吸收的功率为最大，这就是通常所说的负载阻抗与电源内阻抗为最大功率匹配或共轭匹配。此时的最大功率为

$$P_{max} = \frac{U_S^2}{4R_S}$$

满足共轭匹配条件时，负载所得功率虽为最大，但仅为电源发出功率的一半，另一半被内阻 R_S 所消耗，因而效率仅为 50%。共轭匹配主要用于电子电路寻求负载的最大功率。而电力系统中，效率是非常重要的，不允许出现如此低的效率，因而不追求这一条件。

例 8-17 图 4-13(a)所示电路，若 $P_{Lmax} = \frac{10^2}{4 \times 0.5} = 50(W)$ 的实部、虚部均能变动，为使 Z_L 获得最大功率，Z_L 应为何值？最大功率是多少？

解： 用戴维南定理求 $a，b$ 端左边含电源电路

$$U_0 = 14.1 \angle 0° \frac{j}{1+j} = 14.1 \angle 0° \frac{\angle 90°}{\sqrt{2} \angle 45°} = 10 \angle 45° \text{ V}$$

$$Z_S = \frac{j}{1+j} = \frac{\angle 90°}{\sqrt{2} \angle 45°} = 0.5 + j0.5 \ \Omega$$

共轭匹配时，Z_L 获最大功率，故 Z_L 应 $0.5 - j0.5 \ \Omega$ 为。此时

$$P_{Lmax} = \frac{10^2}{4 \times 0.5} = 50 \text{ W}$$

本 章 小 结

1. 复数的表示方法

$A=|A| \mathrm{e}^{\mathrm{j}\psi}=|A| \angle \Psi=|A|\cos\psi+\mathrm{j}|A|\sin\psi=a+\mathrm{j}b$

复数的四则运算:

$$A_1 \pm A_2 = (a_1+\mathrm{j}b_1) \pm (a_2+\mathrm{j}b_2)=(a_1 \pm a_2)+\mathrm{j}(b_1 \pm b_2)$$

$$A_1 A_2 = |A_1| \angle\varphi_1 \cdot |A_2| \angle\varphi_2 = |A_1||A_2| \angle(\varphi_1+\varphi_2)$$

$$\frac{A_1}{A_2}=\frac{|A_1| \angle\varphi_1}{|A_2| \angle\varphi_2}=\frac{|A_1|}{|A_2|} \angle(\varphi_1+\varphi_2)$$

2. 正弦量的相量表示法

对于正弦电流 $i=I_\mathrm{m}\sin(\omega t+\varphi_i)$ 的相量为 $\dot{I}=I\mathrm{e}^{\mathrm{j}\varphi_i}=I\angle\varphi_i$

对于正弦电压 $u=\sqrt{2}U\sin(\omega t+\varphi_u)$ 的相量为 $\dot{U}=U\mathrm{e}^{\mathrm{j}\varphi_u}=U\angle\varphi_u$

3. 正弦交流电路中电压与电流的关系

当电压与电流的参考方向选取为关联参考方向时

(1) 电阻元件: $u=Ri$　　$\dot{U}=R\dot{I}$　　　电压相量$\dot{U}_R$ 与电流相量$\dot{I}$ 同相

(2) 电感元件: $u=L\dfrac{\mathrm{d}i}{\mathrm{d}t}$　　$\dfrac{U_\mathrm{m}}{I_\mathrm{m}}=\dfrac{U}{I}=\omega L=2\pi fL=X_L$

$\qquad\qquad\qquad\dot{U}=\mathrm{j}X_L\dot{I}$　　电压相量$\dot{U}_L$ 超前电感上电流相量$\dot{I}$ 90°

(3) 电容元件: $i=C\dfrac{\mathrm{d}u}{\mathrm{d}t}$　　$\dfrac{U_\mathrm{m}}{I_\mathrm{m}}=\dfrac{U}{I}=\dfrac{1}{\omega C}=\dfrac{1}{2\pi fC}=X_C$

$\qquad\qquad\qquad\dot{U}=-\mathrm{j}X_C\dot{I}$　　电压相量$\dot{U}_C$ 滞后电容上电流相量$\dot{I}$ 90°

4. 基尔霍夫定律的相量形式

$$\Sigma\dot{I}=0 \qquad\qquad \Sigma\dot{U}=0$$

5. *RLC* 串联电路　$\dot{U}=Z\dot{I}$

其中复阻抗 $Z=R+\mathrm{j}(X_L-X_C)=R+\mathrm{j}\left(\omega L-\dfrac{1}{\omega C}\right)=|Z|\angle\varphi$

阻抗模 $|Z|=\sqrt{R^2+\left(\omega L-\dfrac{1}{\omega C}\right)^2}=\sqrt{R^2+X^2}$

阻抗角 $\varphi=\mathrm{acrtg}\dfrac{X}{R}=\mathrm{acrtg}\dfrac{X_L-X_C}{R}=\mathrm{acrtg}\dfrac{\omega L-\dfrac{1}{\omega C}}{R}$

式中 X 为电路的电抗,当 $X>0$ 即 $X_L>X_C$ 时,电路呈感性;当 $X<0$ 即 $X_L<X_C$ 时,电路呈容性;当 $X=0$ 即 $X_L=X_C$ 时,电路呈阻性。

6. 对于 n 个复阻抗串联而成的电路,其等效复阻抗为

$$Z=Z_1+Z_2+\cdots+Z_n$$

分压公式为 $\qquad\qquad\qquad\qquad \dot{U}_n=\dfrac{Z_n}{Z}\dot{U}$

对于 n 个复阻抗并联而成的电路,其等效复阻抗为

$$\frac{1}{Z} = \frac{1}{Z_1} + \frac{1}{Z_2} + \cdots + \frac{1}{Z_n}$$

当两个阻抗 Z_1 和 Z_2 并联时,两个阻抗的电流分配为

$$\dot{I}_1 = \frac{Z_2}{Z_1 + Z_2} \dot{I}$$

$$\dot{I}_3 = \frac{Z_1}{Z_1 + Z_2} \dot{I}$$

7. 正弦交流电路的功率计算

(1) 电阻元件:有功功率 $P_R = U_R I_R = I_R^2 R = \dfrac{U_R^2}{R}$

(2) 电感元件:有功功率 $P = 0$;无功功率 $Q_L = U_L I = I^2 X_L = \dfrac{U_L}{X_L}$

(3) 电容元件:有功功率 $P = 0$;无功功率 $Q_C = U_C I = I^2 X_C = \dfrac{U_C^2}{X_C}$

(4) 二端网络:有功功率 $P = UI\cos\varphi$

无功功率 $Q = UI\sin\varphi = Q_L - Q_C$

视在功率 $S = UI = \sqrt{P^2 + Q^2}$, $\varphi = \text{arctg}\dfrac{Q}{P}$

复功率 $\tilde{S} = \dot{U}\overset{*}{\dot{I}} = S\angle\varphi = P + jQ$

功率因数为 $\cos\varphi$,并联适当的电容器可以提高感性负载的功率因数。

8. 线性电路中所有的定理、原理、公式和分析方法都可以推广到正弦电路,只不过电压、电流要改用相量形式,负载改用复阻抗的形式。

习   题   八

8.1 已知某正弦电压的周期为 1 ms,初相位为 0.628 rad,当 $t = 0.15$ ms 时,它的瞬时值为 12 mV,试写出的瞬时值表达式,并画出其波形图。

8.2 已知正弦电压的有效值为 $U = 220$ V,频率 $f = 50$ Hz,初相位 $\varphi = 60°$,试写出此电压的瞬时表达式,并求当 $t = 0.02$ s 时的瞬时值。

8.3 已知电压 $u_A = 220\sqrt{2}\sin(314t + \dfrac{\pi}{3})V$ 和 $u_B = 220\sin(314t - \dfrac{\pi}{3})V$,指出电压 u_A、u_B 的有效值、初相、相位差,画出 u_A、u_B 的波形图。

8.4 已知某正弦电流,当相位为 30° 时其电流值为 $10\sqrt{2}$ A。试求该电流的最大值。

8.5 把下列复数化为代数形式。

(1) $100\angle 60°$ (2) $30\angle 150°$ (3) $45\angle 270°$ (4) $60\angle -120°$

8.6 把下列复数化为极坐标形式。

(1) $6 + j8$ (2) $-5 - j5$ (3) $-5.7 + j6.9$ (4) $3.2 - j7.5$

8.7 写出下列正弦量对应的相量。

(1) $u_1 = 220\sqrt{2}\sin(314t + \dfrac{\pi}{3})V$ (2) $u_2 = 110\sqrt{2}\sin(314t - \dfrac{\pi}{3})V$

(3) $i_1 = 10\sqrt{2}\sin(314t+120°)\text{A}$ (4) $i_2 = 8\sqrt{2}\sin(314t-45°)\text{A}$

8.8 写出下列相量对应的正弦量。

(1) $\dot{U}_1 = 380\angle60°\text{ V}$ (2) $\dot{U}_2 = 121\angle-90°\text{ V}$

(3) $\dot{I}_1 = 10\angle-30°\text{ A}$ (4) $\dot{I}_2 = 4\angle-45°\text{ A}$

8.9 已知电路的电压相量 $\dot{U}$，电流相量 $\dot{I}$ 或复阻抗 Z、复导纳 Y 如下，试说明电路性质。

(1) $\dot{U} = 80\angle60°\text{ V}$, $\dot{I} = 10\angle-10°\text{ A}$

(2) $\dot{U} = 80\angle-60°\text{ V}$, $\dot{I} = 10\angle-10°\text{ A}$

(3) $Z = 5+\text{j}3\ \Omega$

(4) $Z = 5-\text{j}5\ \Omega$

(5) $Z = 100\angle50°\ \Omega$

(6) $Z = 100\angle-50°\ \Omega$

(7) $Y = 10^{-2}-\text{j}10^{-2}\text{ S}$

(8) $Y = 10^{-2}-\text{j}10^{-2}\text{ S}$

(9) $Y = 10^{-2}\angle-30°\text{ S}$

(10) $Y = 10^{-2}\angle30°\text{ S}$

8.10 一个 220 V、25 W 的电烙铁接到 $u = 220\sqrt{2}\sin(314t+\frac{\pi}{3})\text{V}$ 的电源上，试问电烙铁的电流、功率及 10 小时内消耗的电能各为多少？

8.11 日光灯管与镇流器串联到频率为 50 Hz 交流电压上，可看作 R、L 串联电路。如已知某灯管的等效电阻 $R_1 = 280\ \Omega$，镇流器的电阻和电感分别为 $R_2 = 20\ \Omega$ 和 $L = 1.65\ \text{H}$，电源电压 $U = 220\ \text{V}$，试求电路中电流和灯管两端与镇流器上的电压。

8.12 题 8.12 所示电路，已知 $R_1 = 50\ \Omega$，$f = 50\ \text{Hz}$，$U = 220\ \text{V}$，$U_1 = 120\ \text{V}$，$U_2 = 130\ \text{V}$。求 R 及 L。

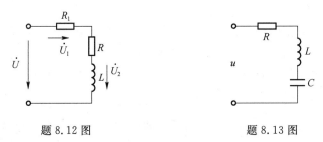

题 8.12 图   题 8.13 图

8.13 题 8.13 图所示电路，已知 $R = 10\ \Omega$，$L = 0.05\ \text{H}$，$C = 100\ \mu\text{F}$。试求(1)当 $f = 50\ \text{Hz}$ 时电路的复阻抗是感性还是容性？(2)当 $f = 150\ \text{Hz}$ 时的电路的复阻抗呈什么性质？

8.14 已知 $\dot{U} = \dot{I}(a+\text{j}b)$，要求电流、电压同相位，问 $b = ?$ 若两者相差为 $\frac{\pi}{2}$，问 $a = ?$ 电流超前时对 b 有何规定？

8.15 已知日光灯电路中 $R = 300\ \Omega$，$L = 1.45\ \text{H}$，若 $U = 220\ \text{V}$，$f = 50\ \text{Hz}$。试求该电路的复阻抗和电流。

8.16 已知题 8.16 图所示电路，$R_1 = 22\ \Omega$，$R_2 = 8\ \Omega$，$X_C = 10\ \Omega$，$X_L = 6\ \Omega$，$\dot{U} = 220\angle60°\text{ V}$，$f = 50\ \text{Hz}$。试求各支路电流并作相量图。

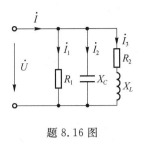

题 8.16 图

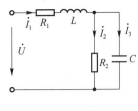

题 8.17 图

8.17 已知题 8.17 图所示电路，$R_1=2\text{ k}\Omega$，$R_2=10\text{ k}\Omega$，$L=10\text{ H}$，$C=1\text{ }\mu\text{F}$，$f=50\text{ Hz}$，R_2 中电流有效值 $I_2=10\text{ mA}$。试求总电压并作相量图。

8.18 题 8.18 图所示电路，已知 $Z=(200+\text{j}100)\Omega$，$Z_1=(50+\text{j}150)\Omega$，若使 $\dot{U}$ 与 $\dot{I}$ 相位差为 $90°$。试求 R 值。

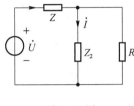

题 8.18 图

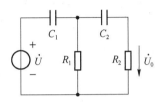

题 8.19 图

8.19 题 8.19 图所示电路，已知 $R_1=R_2=X_{c2}=100\ \Omega$，欲使 $\dot{U}_0$ 超前 $\dot{U}$ 为 $90°$。求 X_{C1}。

8.20 题 8.20 图所示电路，已知 $\omega=\dfrac{1}{RC\sqrt{6}}$，证明 $\dot{U}_1$ 与 $\dot{U}_2$ 相位差为 $180°$，而且 $\dfrac{U_2}{U_1}=\dfrac{1}{29}$。

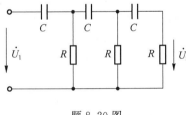

题 8.20 图

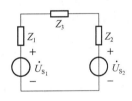

题 8.21 图

8.21 题 8.21 图所示电路，已知 $\dot{U}_{S_1}=100\angle60°\text{ V}$，$\dot{U}_{S_2}=100\angle0°\text{ V}$，$Z_1=1-j1\ \Omega$，$Z_2=2+j3\ \Omega$，$Z_3=3+j6\ \Omega$，试求各元件功率，并判别是吸收还是发出。

8.22 某收音机输入电路的电感约为 0.3 mH，可变电容器的调节范围为 $25\sim360\text{ pF}$。试问能否满足收听中波段 $535\sim1\ 605\text{ kHz}$ 的要求。

8.23 有一 R、L、C 串联电路，它在电源频率 f 为 500 Hz 时发生谐振时电流 I 为 0.2 A，容抗 X_C 为 $314\ \Omega$，并测得电容电压 U_C 为电源电压 U 的 20 倍。试求该电路的电阻 R 和电感 L。

8.24 一个电感为 0.25 mH、电阻为 $13.7\ \Omega$ 的线圈与 85 pF 的电容器并联，求该并联电路的谐振频率及谐振时的阻抗。

第9章 *RLC*串并联电路的频率特性

如前所述，当电路中激励的频率变化时，电路响应也随频率变化（是频率的函数）。为了便于研究电路的频率响应，本节给出网络函数的一般定义以及网络函数的幅频特性和相频特性等。

9.1 频域网络函数

在单一正弦量激励下，电路的网络函数定义为响应 $R(\mathrm{j}\omega)$（Response）与激励 $E(\mathrm{j}\omega)$（Excitation）之比，即

$$H(\mathrm{j}\omega) = \frac{R(\mathrm{j}\omega)}{E(\mathrm{j}\omega)} \tag{9-1}$$

式中，$R(\mathrm{j}\omega)$ 和 $E(\mathrm{j}\omega)$ 既可以是电压，也可以使电流。若激励与响应处于电路（网络）的同一端口，$H(\mathrm{j}\omega)$ 称为驱动点函数，其余称为转移函数。输入阻抗 $Z(\mathrm{j}\omega)$ 和输入导纳 $Y(\mathrm{j}\omega)$ 均为驱动点函数。转移函数有四种，分别为电压转移函数 $A_u(\mathrm{j}\omega) = \dfrac{U_R(\mathrm{j}\omega)}{U_E(\mathrm{j}\omega)}$、电流转移函数 $A_i(\mathrm{j}\omega) = \dfrac{I_R(\mathrm{j}\omega)}{I_E(\mathrm{j}\omega)}$、转移阻抗函数 $Z_T(\mathrm{j}\omega) = \dfrac{U_R(\mathrm{j}\omega)}{I_E(\mathrm{j}\omega)}$ 和转移导纳函数 $Y_T(\mathrm{j}\omega) = \dfrac{I_R(\mathrm{j}\omega)}{U_E(\mathrm{j}\omega)}$ 等。

因为激励是正弦量，对于线性电路而言响应也是正弦量。由正弦稳态的向量域分析方法知，激励和响应均为复数形式，即用复变量 $\mathrm{j}\omega$ 可以表示网络的幅频关系和相频关系。通常 $H(\mathrm{j}\omega)$ 既有实部，又有虚部。所以，可以将网络函数写成模与辐角的形式，即

$$H(\mathrm{j}\omega) = |H(\mathrm{j}\omega)| \angle \varphi(\omega) \tag{9-2}$$

式中，$|H(\mathrm{j}\omega)|$、$\varphi(\mathrm{j}\omega)$ 分别称为 $H(\mathrm{j}\omega)$ 的幅频特性和相频特性。幅频特性反映了激励和响应的模的比随频率变化的特性，而相频特性反映了响应和激励的相位差随频率变化的特性。

例 9-1 求图 9-1 所示电路的转移导纳 $\dfrac{\dot{I}_2}{\dot{U}_1}$。

解：借用相量法分析。设网孔电流分别为 $\dot{I}_1$ 和 $\dot{I}_2$，由网孔法得

$$(R + \mathrm{j}\omega L)\dot{I}_1 - \mathrm{j}\omega L\, \dot{I}_2 = \dot{U}_1$$

$$-\mathrm{j}\omega L\, \dot{I}_1 + \left[R + \mathrm{j}\left(\omega L - \frac{1}{\omega C}\right)\right]\dot{I}_2 = 0$$

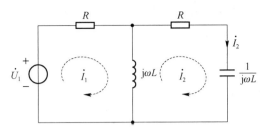

图 9-1　例 9-1 图

若令 $R=1\ \Omega, L=1\ \mathrm{H}, C=1\ \mathrm{F}$,则解得转移导纳为

$$Y_T(\mathrm{j}\omega)=\frac{\dot{I}_2}{\dot{U}_1}=\frac{\mathrm{j}\omega^2}{2\omega+\mathrm{j}(2\omega^2-1)}=\frac{\omega^2}{\sqrt{(2\omega)^2+(2\omega^2-1)^2}}\angle\left[90°-\arctan\left(\frac{2\omega^2-1}{2\omega}\right)\right]$$

可见,网络函数 $H(\mathrm{j}\omega)=Y_T(\mathrm{j}\omega)$ 只与电路参数和结构有关,与外加激励无关。其转移导纳的幅频特性和相频特性分别为

$$|Y_T(\mathrm{j}\omega)|=\frac{|I_2(\mathrm{j}\omega)|}{|U_1(\mathrm{j}\omega)|}=\frac{\omega^2}{\sqrt{(2\omega)^2+(2\omega^2-1)^2}},\ \varphi(\omega)=90°-\arctan\left(\frac{2\omega^2-1}{2\omega}\right)$$

由该式看出:当 $\omega\to 0$ 时,$\dfrac{I_2}{U_1}\to 0$,$\varphi(\omega)\to 180°$;当 $\omega\to\infty$ 时,$\dfrac{I_2}{U_1}\to\dfrac{1}{2}$,$\varphi(\omega)\to 0°$。

例 9-2　求图 9-2 所示的 *RC* 低通电路的电压转移函数 $A_u=\dfrac{\dot{U}_2}{\dot{U}_1}$,并绘出幅频特性曲线和相频特性曲线。

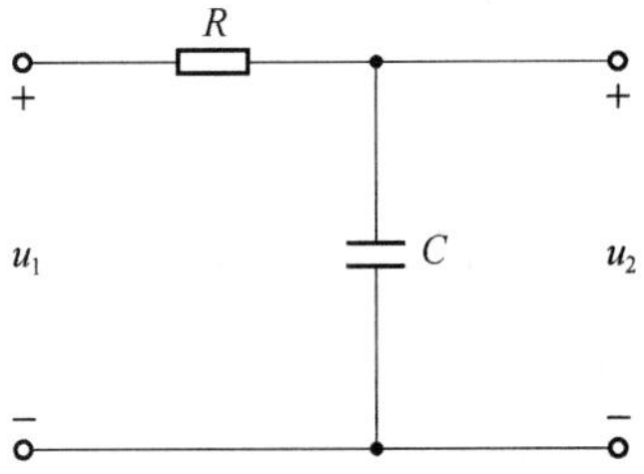

解：利用图 9-2 所示电路所对应的相量模型,可以写出

$$A_u=\frac{\dot{U}_2}{\dot{U}_1}=\frac{\dfrac{1}{\mathrm{j}\omega C}}{R+\dfrac{1}{\mathrm{j}\omega C}}=\frac{1}{1+\mathrm{j}\omega RC}=\frac{1}{\sqrt{1+R^2C^2\omega^2}}\angle-\arctan(\omega RC)$$

图 9-2　例 9-2 图

$$|A_u|=\frac{U_2}{U_1}=\frac{1}{\sqrt{1+\omega^2R^2C^2}}$$

$$\varphi=-\arctan(\omega RC)$$

由此可以画出电路的幅频特性曲线与相频特性,分别如图 9-3(a) 和 9-3(b) 所示。可见,该 *RC* 电路允许低频信号通过,抑制高频信号,所以具有低通频率特性。其相频特性表明其输出电压总是滞后输入电压,因此 *RC* 低通电路又称为滞后网络。需要说明,图 9-3 所示频率特性曲线的横坐标为 $\omega/\omega_C=\omega RC$,其中 $\omega_C=1/RC$ 为半功率频率。

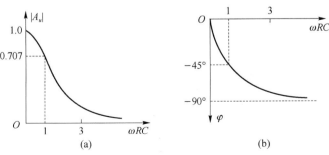

图 9-3　*RC* 低通电路的频率响应

以上举例说明,当已知网络结构和元件参数时,可以计算出网络的网络参数及其频率特性。否则,只能用实验方法测定其频率特性。

当电路中含有电感和电容元件时,在正弦电源作用下,若电路呈阻性,即电路的端口电压与端口是流同相,电路的这种状态称为谐振。

谐振现象在电子和无线电技术中得到广泛的应用,但在电力系统中却应尽量避免,因为发生谐振时可能产生高电压或强电流破坏系统的正常工作状态。所以研究电路的谐振现象有着重大的意义。

根据元件的连接方式不同,谐振分为串联谐振和并联谐振,本节重点讨论串联谐振。

9.2 RLC 串联电路的谐振原理

1. 串联谐振的条件

如图 9-4 所示的 RLC 串联电路,其复阻抗为

$$Z = R + j(X_L - X_C) = R + j(\omega L - \frac{1}{\omega C})$$
$$= R + jX$$

发生谐振时应满足以下条件:

$$X = X_L - X_C = \omega L - \frac{1}{\omega C} = 0 \qquad (9\text{-}3)$$

即 $\omega L = \frac{1}{\omega C}$ 时,发生谐振。谐振时的角频率称为谐振角频

率,用 ω_0 表示,则有

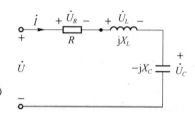

图 9-4 RLC 串联谐振电路

$$\omega_0 = \frac{1}{\sqrt{LC}} \qquad (9\text{-}4)$$

电路发生谐振时的频率称为谐振频率,用 f_0 表示,则有

$$f_0 = \frac{1}{2\pi \sqrt{LC}} \qquad (9\text{-}5)$$

上式说明,电路谐振时的 ω_0 或 f_0 仅取决于电路本身的参数 L 和 C,与电路中的电压、电流无关,所以称 ω_0 或 f_0 为电路的固有角频率(或固有频率)。

当电源频率一定时,通过改变元件参数使电路谐振的过程称为调谐。由谐振条件可知,调节 L 或 C 使电路谐振时,电感与电容分别为:

$$L = \frac{1}{\omega^2 C}$$

$$C = \frac{1}{\omega^2 L}$$

2. 串联谐振的特征

(1) 串联谐振时,电路的电抗 $X = 0$, 此时电路的阻抗 $|Z| = \sqrt{R^2 + X^2} = R$ 最小,且为纯电阻,即:

$$Z = R + jX = R \qquad (9\text{-}6)$$

(2) 谐振时,电路的电抗为零,感抗与容抗相等并等于电路的特性阻抗。即:

$$\rho = \omega_0 L = \frac{1}{\omega_0 C} = \sqrt{\frac{L}{C}} \qquad (9\text{-}7)$$

式中,ρ 为特性阻抗,单位是 Ω,它由电路的参数 L、C 决定,是衡量电路特性的重要参数。

(3) 谐振时,电路的电流最大,且与外加电源电压同相。

若电源电压一定,谐振阻抗最小,则谐振时的电流将达到最大值,用 I_0 表示为:

$$I_0 = U/R$$

(4) 串联谐振时,电感电压与电容电压大小相等、相位相反,其大小为电源电压的 Q 倍,

即:$U_{L0} = U_{C0} = \omega_0 L I_0 = \omega_0 L \dfrac{U}{R} = QU$

其中

$$Q = \frac{\omega_0 L}{R} = \frac{1}{\omega_0 CR} = \frac{\rho}{R}$$

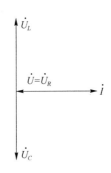

式中,Q 为谐振电路的品质因数,它是一个无量纲的量,Q 也是一个仅与电路参数有关的常数,由于 $U_{L0} = U_{C0} = QU$,如果 $Q \gg 1$,则电感电压和电容电压远远超过电源电压,因此串联谐振又称电压谐振。

如图 9-5 所示。

(5) 谐振时,电路的无功功率为零,电源供给电路的能量,全部消耗在电阻上。

电路发生谐振时,由于感抗等于容抗,所以感性无功功率和容性无功功率相等,电路总无功功率等于零,这说明,电感与电容之间有能量交换,而且达到完全补偿,不与电源进行能量交换,电源供给电路的能量全部消耗在电阻上。

图 9-5　串联谐振时的相量

在无线电工程中,微弱的电信号可通过串联谐振在电感或电容上获得高于信号电压许多倍的输出信号而加以利用。但在电力工程中,由于电源电压本身较高,串联谐振可能会击穿电容器和线圈的绝缘层,因此应避免发生串联谐振。

9.3　RLC 串联电路的频率特性

在 RLC 串联谐振电路中,阻抗随频率的变化而变化,在外加电压 U 不变的情况下,I 也将随频率变化,这一曲线称为电流谐振曲线,如图 9-6 所示。

当 ω_0 为零时,因为 X_C 为无限大,电路相当于开路,I 为零,U_C 等于 U,U_L 为零;当 ω_0 增大时,电流 I 逐渐增大,U_L 逐渐增大,但由于 X_C 在逐渐减小,故 U_C 的值会在一段频率内有所增加。可以证明,在品质因数 $Q > 1$ 的电路中,U_L 和 U_C 的最大值分别出现在小于 ω_0 和大于 ω_0 的某一频率处。Q 值越大,两峰值越向谐振频率处靠近,但均不会出现在 ω_0 频率处。但在 ω_0 处电流 I 是最大值。当 ω_0 继续

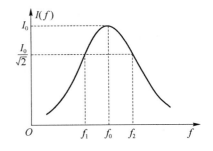

图 9-6　RLC 串联电路的电流谐振曲线

增大趋于无限大时,X_C 趋于无限大,U_L 趋于 U,I 趋于零。

可再进一步分析电流 I 随频率变化的情况如下:

$$I = \frac{U}{|Z|} = \frac{U}{\sqrt{R^2 + \left(\omega L - \frac{1}{\omega C}\right)^2}} = \frac{U}{\sqrt{R^2 + \omega_0^2 L^2 \left(\frac{\omega}{\omega_0} - \frac{1}{\omega \omega_0 LC}\right)^2}}$$

$$= \frac{U}{R\sqrt{1 + \frac{\rho^2}{R^2}\left(\frac{\omega}{\omega_0} - \frac{\omega_0}{\omega}\right)^2}} = \frac{I_0}{\sqrt{1 + Q^2\left(\frac{\omega}{\omega_0} - \frac{\omega_0}{\omega}\right)^2}} \tag{9-8}$$

所以

$$\frac{I}{I_0} = \frac{1}{\sqrt{1 + Q^2\left(\frac{\omega}{\omega_0} - \frac{\omega_0}{\omega}\right)^2}} \tag{9-9}$$

若以 $\frac{\omega}{\omega_0}$ 为横坐标,以 $\frac{I}{I_0}$ 为纵坐标,对不同的 Q 值可以作出一组曲线如图 9-7 所示。因为对于 Q 值相同的任何 R、L、C 串联电路,只有一条曲线与它对应,故该曲线称为串联谐振通用曲线。

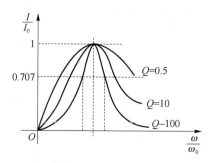

图 9-7　串联谐振通用曲线

在图 9-7 中画出的是 Q 分别为 0.5、10、100 时的通用曲线,从曲线可看出,曲线的形状与电路的 Q 值有关,Q 值越大,曲线越尖锐。当电源频率偏离谐振频率时,电流急剧下降。只有在谐振点附近的频域内才有较大的输出电流值,而其他信号就被抑制,电路的这一特性称为选择性。显然,Q 值越大,选择性越好。

工程上规定,在谐振通用曲线上 I/I_0 的值为 $1/\sqrt{2}$,即 0.707 时所对应的两个频率之间的宽度称为通频带,它规定了谐振电路允许通过信号的频率范围。不难看出,电路的选择性越好,通频带就越窄,反之,通频带越宽,选择性越差。无线电技术中,往往是从不同的角度来评价通频带宽窄的,当强调电路的选择性时,就希望通频带窄一些;当强调电路的信号通过能力时,则希望通频带宽一些。

例 9-3 已知 RLC 串联电路中的 $L = 0.2$ mH,$C = 800$ pF,$R = 10$ Ω,电源电压 $U_s = 0.1$ mV,若电路发生谐振,求:电路的谐振频率、品质因数、电容器两端的电压和回路中的电流各是多少?

解:

$$f_0 = \frac{1}{2\pi\sqrt{LC}} = \frac{1}{2\pi\sqrt{0.2 \times 10^{-3} \times 800 \times 10^{-12}}} = \frac{1}{2\pi \times \sqrt{1.6 \times 10^{-13}}} \approx 39.8 \text{ kHz}$$

$$U_{C0} = QU_s = 50 \times 0.1 = 5 \text{ mV}$$

$$Q = \frac{1}{R}\sqrt{\frac{L}{C}} = \frac{1}{10}\sqrt{\frac{0.2 \times 10^{-3}}{800 \times 10^{-12}}} = 50$$

$$I = \frac{U_S}{R} = \frac{0.1 \times 10^{-3}}{10} = 10 \ \mu A$$

例 9-4　某收音机的输入回路可简化为一个线圈的可变电容器相串联的电路。线圈参数为 $R = 15 \ \Omega, L = 0.23 \ mH$,可变电容器的变化范围是 $36 \sim 420 \ pF$,求此电路的谐振频率范围。若某接收信号电压为 $10 \ \mu V$,频率为 $1\ 000 \ kHz$,求此时电路中的电流、电容电压及品质因数 Q。

解：根据谐振条件有

$$f_{01} = \frac{1}{2\pi \sqrt{LC_1}} = \frac{1}{2\pi \sqrt{0.23 \times 10^{-3} \times 36 \times 10^{-12}}} = 1\ 749 \ kHz$$

$$f_{02} = \frac{1}{2\pi \sqrt{LC_2}} = \frac{1}{2\pi \sqrt{0.23 \times 10^{-3} \times 420 \times 10^{-12}}} = 512 \ kHz$$

即调频范围为 $512 \sim 1\ 749 \ kHz$。当接收信号为 $1\ 000 \ kHz$ 时,电容的值应该为

$$C = \frac{1}{\omega_0^2 L} = \frac{1}{(2\pi \times 1\ 000 \times 10^3)^2 \times 0.23 \times 10^{-3}} = 110.1 \ pF$$

则电路中的电流为

$$I_0 = \frac{U}{R} = \frac{10 \times 10^{-6}}{15} = 0.67 \ \mu A$$

电容电压为

$$U_C = I_0 X_C = 0.67 \times 10^{-6} \times \frac{1}{2\pi \times 10^6 \times 110.1 \times 10^{-12}} = 0.97 \ mV$$

电路的品质因数为

$$Q = \frac{U_C}{U} = \frac{0.97 \times 10^{-3}}{10 \times 10^{-6}} = 97$$

或

$$Q = \frac{\rho}{R} = \frac{1}{15} \times \sqrt{\frac{0.23 \times 10^{-3}}{110.1 \times 10^{-12}}} = 97$$

思考与练习

9.3.1　什么叫串联谐振? 串联谐振时,电路有哪些基本特性?

9.3.2　RLC 串联电路发生谐振的条件是什么? 如何使 RLC 串联电路发生谐振?

9.3.3　已知 RLC 串联电路的品质因数 $Q = 200$,当电路发生谐振时,L 和 C 上的电压值均大于回路的电源电压,这是否与基尔霍夫定律有矛盾?

9.3.4　如果信号源的频率大于、小于及等于串联谐振回路的谐振频率,问回路将呈现何种性质?

9.3.5　什么是串联谐振电路的特性阻抗和品质因数? 品质因数对谐振曲线有什么影响?

9.4　RLC 并联电路的谐振原理

RLC 并联谐振电路如图 9-8 所示,在外加电压 U 的作用下,电路的总电流相量为

$$\dot{I} = \dot{I}_R + \dot{I}_L + \dot{I}_C = \frac{\dot{U}}{R} + \frac{\dot{U}}{j\omega L} + j\omega C \dot{U} = \dot{U}\left[\frac{1}{R} + j\left(\omega C - \frac{1}{\omega L}\right)\right]$$

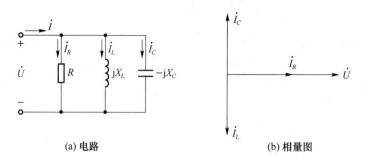

(a) 电路   (b) 相量图

图 9-8 *RLC* 并联谐振电路

要使电路发生谐振，应满足下列条件：

$$\omega_0 C - \frac{1}{\omega_0 L} = 0$$

则

$$\omega_0 = \frac{1}{\sqrt{LC}}$$

谐振频率为

$$f_0 = \frac{1}{2\pi\sqrt{LC}} \tag{9-10}$$

2. 并联谐振电路的特征

(1) 并联谐振时，电路的总阻抗最大，且为纯电阻。

$$|Z| = R$$

(2) 并联谐振时，在并联电路的端电压一定的情况下，总电流最小，且与端电压同相。

$$I_0 = \frac{U}{R}$$

(3) 谐振时，电感支路电流与电容支路电流近似相等，并为端口总电流的 *Q* 倍。

$$I_{L0} = \frac{U}{\sqrt{R^2 + X_{L0}^2}} \approx \frac{U}{X_{L0}} = \frac{I_0|Z_0|}{X_{L0}} = \frac{\sqrt{\dfrac{L}{C}}}{R}I_0 = QI_0$$

$$I_{C0} = \omega_0 CU = \omega_0 CI_0|Z_0| = QI_0$$

所以并联谐振又称为电流谐振。

3. *R*、*L* 与 *C* 并联谐振电路

在实际工程电路中，最常见的、用途极广泛的谐振电路是电感线圈和电容器并联组成的，如图 9-9 所示。

电感线圈与电容器并联谐振电路的谐振频率为

$$f_0 = \frac{1}{2\pi\sqrt{LC}}\sqrt{1 - \frac{CR^2}{L}} \tag{9-11}$$

一般情况下，线圈的电阻比较小，所以谐振频率为

$$f_0 \approx \frac{1}{2\pi\sqrt{LC}} \tag{9-12}$$

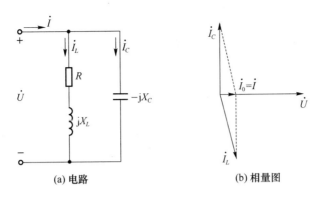

(a) 电路　　　　　　　(b) 相量图

图 9-9　R、L 与 C 并联谐振电路

电感线圈与电容器并联发生谐振时,电路呈纯电阻特性,总阻抗最大,当 $\sqrt{\dfrac{L}{C}} \gg R$ 时, $|Z_0| = \dfrac{L}{CR}$;品质因数定义为 $Q = \dfrac{1}{R}\sqrt{\dfrac{L}{C}}$;总电流与电压同相,数量关系为 $U = I_0 |Z_0|$;支路电流为总电流的 Q 倍,即 $I_L = I_C = QI$,因此并联谐振又称为电流谐振。

例 9-4　将一个 $R = 20\ \Omega$,$L = 0.46\ \mathrm{mH}$ 的电感线圈与 100 pF 的电容串联,求该并联电路的谐振频率和谐振时的等效阻抗。

解: 电路的谐振角频率为

$$\omega_0 = \sqrt{\dfrac{1}{LC} - \left(\dfrac{R}{L}\right)^2}$$

$$= \sqrt{\dfrac{1}{0.46 \times 10^{-3} \times 100 \times 10^{-12}} - \left(\dfrac{20}{0.46 \times 10^{-3}}\right)^2}$$

$$= 4662 \times 10^3\ \mathrm{rad/s}$$

谐振频率为

$$f_0 = \dfrac{\omega_0}{2\pi} = \dfrac{4662 \times 10^3}{2\pi} 742\ \mathrm{kHz}$$

谐振时的等效阻抗为

$$Z = R_0 = \dfrac{L}{RC} = \dfrac{0.46 \times 10^{-3}}{20 \times 100 \times 10^{-12}} = 460\ \mathrm{k\Omega}$$

思考与练习

9.4.1　RLC 并联电路发生谐振的条件是什么? 如何使 RLC 并联电路发生谐振?

9.4.2　并联谐振电路谐振时的基本特性有哪些?

9.4.3　已知 RLC 并联电路的品质因数 $Q = 200$,当电路发生谐振时,L 和 C 上的电流值均大于回路的电源电压,这是否与基尔霍夫定律有矛盾?

9.4.4　如果信号源的频率大于、小于及等于并联谐振回路的谐振频率,问回路将呈现何种性质?

本 章 小 结

1. RLC 串联电路 $\dot{U} = Z\dot{I}$

其中复阻抗 $Z = R + \mathrm{j}(X_L - X_C) = R + \mathrm{j}\left(\omega L - \dfrac{1}{\omega C}\right) = |Z| \angle \varphi$

阻抗模 $|Z| = \sqrt{R^2 + \left(\omega L - \dfrac{1}{\omega C}\right)^2} = \sqrt{R^2 + X^2}$

阻抗角 $\varphi = \mathrm{acrtg}\dfrac{X}{R} = \mathrm{acrtg}\dfrac{X_L - X_C}{R} = \mathrm{acrtg}\dfrac{\omega L - \dfrac{1}{\omega C}}{R}$

式中 X 为电路的电抗,当 $X>0$ 即 $X_L>X_C$ 时,电路呈感性;当 $X<0$ 即 $X_L<X_C$ 时,电路呈容性;当 $X=0$ 即 $X_L=X_C$ 时,电路呈阻性。

2. 谐振电路

在同时有电感、电容元件交流电路中,电压与电流却同相位,即电路的性质呈现为电阻的性质,这种现象称为谐振。

(1) 谐振条件 $\omega L = \dfrac{1}{\omega C}$;谐振频率 $f_0 = \dfrac{1}{2\pi\sqrt{LC}}$;

(2) 串联谐振的特点:

复阻抗的模达到最小值 $|Z| = |Z|_{\min} = R$;

电压一定时电流将达到最大值 $I_0 = I_{\max} = \dfrac{U}{|Z|} = \dfrac{U}{R}$;

品质因数 $Q = \dfrac{U_L}{U} = \dfrac{U_X}{U} = \dfrac{\omega_0}{R} = \dfrac{1}{\omega_0 CR} = \dfrac{X_L}{R} = \dfrac{X_C}{R} = \dfrac{1}{R}\sqrt{\dfrac{L}{C}}$

此时 $U_L = U_C = QU$,电感两端或电容两端的电压可比总电压大得多,所以串联谐振又称为电压谐振

(3) 并联谐振的特点:

并联谐振电路的总阻抗最大,为 $|Z| = |Z|_{\max} = R$;

并联谐振电路电压一定时,总电流最小,为 $I_0 = \dfrac{U}{R}$;

电路阻抗为纯电阻,回路端电压与总电流同相。

此时 $I_L = I_C = QI$,电感或电容的电流可比总电流大得多,所以并联谐振又称为电流谐振。

思 考 题

9.1　有一 R、L、C 串联电路,它在电源频率 f 为 500 Hz 时发生谐振时电流 I 为 0.2 A,容抗 X_C 为 314 Ω,并测得电容电压 U_C 为电源电压 U 的 20 倍。试求该电路的电阻 R 和电感 L。

9.2　RLC 串联电路接到电压 $U=100$ V,$\omega=10\,000$ rad/s 的电源上,调节电容 C 使电路中电流达到最大值 100 mA,这时电容上的电压为 600 V,求:R、L、C 的值及电路的品质因

数 Q。

9.3　如图 9-10 所示电路,当 $\omega = 500$ rad/s 时,*RLC* 并联电路发生谐振,已知 $R = 5\ \Omega$,$L = 400$ mH,端电压 $U = 1$ V。求电容 C 的值以及电路中的电流和各元件电流的瞬时值表达式。

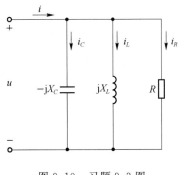

图 9-10　习题 9.3 图

9.4　一个电感为 0.25 mH、电阻为 13.7 Ω 的线圈与 85 pF 的电容器并联,求该并联电路的谐振频率及谐振时的阻抗。

参 考 文 献

[1] 刘耀年,电路.2 版[M].北京:中国电力出版社出版,2013.

[2] 于歆杰,朱桂萍,陆文娟.电路原理[M].北京:清华大学出版社,2007.

[3] 刘岚.电路分析[M].北京:科学出版社,2015.

[4] 汪建,王欢.电路原理(上册).2 版[M].北京:清华大学出版社,2016.

[5] 梁贵书,董华英.电路理论基础.3 版[M].北京:中国电力出版社,2009.

[6] 林珊,电路.机械工业出版社[M].北京:2016.

[7] 高赟,黄向慧.电路.3 版[M].西安:电子科技大学出版社,2015.

[8] 刘建军.电路[M].北京:机械工业出版社,2016.

[9] 张宇飞,史学军,周井泉.电路[M].北京:机械工业出版社,2015.

[10] 单湖龙.电路.2 版[M].北京:国防工业出版社,2014.

[11] 张永瑞.电路分析基础.4 版[M].西安:西安电子科技大学出版社,2013.